工业创新驱动与转型升级丛书

工业企业产品创新

明新国 余 锋 李 淼 编著

机械工业出版社

本书首先论述了当前一系列世界变革与背景趋势，提出了工业企业转型升级的科学发展路径；引入创新的内涵、常用的创新方法以及流程化创新方法；详细讲述了如何从技术拉动、需求发现及两者的融合，进行创新机会的识别；构建了规范化、模块化、协同化、精益化、最优化的产品创新体系架构；探讨了支撑产品创新的信息化管理平台；追求可持续发展，并提出了服务创新体系，为制造企业向服务型制造转型提供了借鉴。本书将 TRIZ（发明问题解决理论）与 DFSS（六西格玛设计）作为产品创新的关键技术方法进行了重点阐述。创新文化与产业链的设计是中国工业企业产品创新体系的薄弱环节，本书也对此进行了阐述和分析。最后，本书分析了若干国内外典型创新案例，为中国工业企业的转型升级提供了积极的借鉴与参考。

图书在版编目（CIP）数据

工业企业产品创新 / 明新国，余锋，李淼编著.—北京：机械工业出版社，2016.5

（工业创新驱动与转型升级丛书）

ISBN 978-7-111-54699-3

Ⅰ．①工…　Ⅱ．①明…　②余…　③李…　Ⅲ．①工业企业-产品设计-研究　Ⅳ．①TB472

中国版本图书馆 CIP 数据核字（2016）第 206186 号

机械工业出版社（北京市百万庄大街 22 号　邮政编码 100037）

策划编辑：张淑谦　　责任编辑：张淑谦　席建英
责任校对：张艳霞　　责任印制：李　洋

保定市中画美凯印刷有限公司印刷

2016 年 9 月第 1 版·第 1 次印刷

169mm×239mm·18.5 印张·242 千字

0001—3000 册

标准书号：ISBN 978-7-111-54699-3

定价：49.00 元

前　　言

——创新驱动，转型升级

当前，我国经济形势错综复杂，下行压力较大，缺乏核心竞争力的问题，仍然困扰着我们。而依靠要素成本优势驱动、大量投入资源和消耗环境的经济发展方式已经难以为继。

党的十八大提出实施创新驱动发展战略，这对于我国加快工业转型升级、从工业大国走向工业强国具有重大意义。制造业是国民经济的物质基础和产业主体，是支撑一个国家从农业社会向工业社会转型的战略性产业。创新驱动发展战略已被提升到国家战略高度。创新，运用新技术，发展新产业，培育新业态，在市场中不能仅靠价格竞争，更要靠质量取胜，增加效益。

为加快实施创新驱动发展战略，适应和引领经济发展新常态，政府将加大简政放权力度，充分发挥市场配置资源的决定性作用，以社会力量为主，构建市场化的众创空间，以满足个性化、多样化的消费需求和用户体验为出发点，促进创新创意与市场需求和社会资本有效对接。以营造良好创新生态环境为目标，以激发全社会创新活力为主线，有效整合资源，完善服务模式，培育创新文化，加快形成大众创业、万众创新的生动局面。

转型升级的路径、创新的策略、创新流程中涉及的工具与方法等是工业企业产品创新中涉及的关键问题。本书第 1 章从变革与启示入手，通过背景分析，寻找制造企业面临的挑战和问题，通过价值变迁分析，探讨传统制造企业的转型路径及转型需求。

第 2 章探讨创新的定义与内涵，创新的模式、层次与类型，指导工业企业从战略层次驱动创新转型升级；第 3 章讲解常用创新方法；第 4、5 章分别探讨流程化创新方法与产品创新机会，从工具方法层指导企业实施创新；

在此基础上提出企业创新研发体系架构，包括第 6 章产品研发设计创新技术体系、第 7 章产品创新及其信息化融合和第 8 章服务创新体系；第 9 章 TRIZ 创新方法和第 10 章六西格玛设计着重解决当前中国企业产品创新的创新创意生成的薄弱环节；第 11 章讲述产业链创新设计，从产业链的时间的角度，研究与分析产业链上的众多企业如何协同创新；第 12 章主要介绍一些国内外成功实施创新的制造企业，分析其成功经验，供读者参考。

本书兼有理论性和实践性，既可以作为企业和政府管理人员的培训教材、大学管理学科教材，也可以作为从事企业产品创新相关工作人员的参考用书。

本书由上海交通大学机械与动力工程学院明新国教授、安朗杰公司（www.allegion.com）全球高级副总裁兼亚太区总裁余锋先生和李淼博士合作编著，是传统制造企业向"智造企业"转变中生产实践的结晶，也是当前国际前沿理论研究的总结。感谢何丽娜、郑茂宽、朱永坤、邱坤华、朱保廷、吴腾云、夏若冰、梁秋龙、石义园、张湘毅，他们参与了本书的整理与修订工作，并提出了许多宝贵意见，使本书的内容更加丰富和完善。

编　者

目录

1

1
变革与启示

1.1 世界变革发展趋势

▷▷ 1.1.1 工业 4.0

德国政府提出"工业 4.0"战略，并在 2013 年 4 月的汉诺威工业博览会上正式推出，其目的是提高德国工业的竞争力，在新一轮工业革命中占领先机。工业 4.0（Industry 4.0、Industrie 4.0），又称为第四次工业革命（Fourth Industrial Revolution）。四次工业革命的划分具体如下[1]：

● 第一次工业革命——机械化，以蒸汽机的发明及应用为标志，用蒸汽动力驱动机器取代人力。

● 第二次工业革命——电气化，随着基于劳动分工的、电力驱动的大规模生产的出现，进入大批量生产的流水线式电气时代。

● 第三次工业革命——自动化，以可编程逻辑控制器（Programmable Logic Controller，PLC）和 IT 技术的应用为标志，机器接管了人的大部分体力劳动，同时也接管了一部分脑力劳动。

● 第四次工业革命——智能化，基于云计算、大数据、物联网、信息物理系统（Cyber Physical System，CPS）等的融合。

第四次工业革命背后需要研发制造技术、流程、工具和方法及其与信息化融合的有力支撑，它不仅会改变传统的产品制造模式，还将改变生产组织模式。

面对第四次工业革命，我国工业企业需要有前瞻性思维，紧紧抓住新科技革命的战略机遇，大幅提高自主创新能力，牢牢把握推进结构调整和加强自主创新两个着力点，不断深化信息化和工业化融合，全面提升工业研发、设计、制造、服务和管理信息化水平，提高数字化设计制造能力，推动企业产品创新系统建设。

▷▷ 1.1.2 相关要素的变迁

进入 21 世纪，工业作为国家综合实力的基础，决定了经济现代化的速度、规模和水平，在各国经济中起着主导作用。国家工业的竞争，体现为工业企业之间的竞争，而作为企业核心竞争力的体现，工业企业产品技术的高低是国际企业竞争的决定性因素。随着时间的推演，工业企业产品技术相关要素的变迁如图 1-1 所示，知识、创新、协同成为竞争的关键要素。

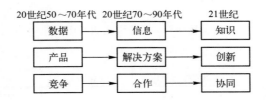

图 1-1　相关要素的变迁

- 知识是经济财富无限增长和扩张的源泉。
- 知识从源头向需要者或使用者流动的过程中会产生价值。
- 通过双方杠杆作用的协作，能够最佳地利用有形或无形资产，这是双赢的协同过程。

从工业社会经济到现在的知识经济，商务模式的变迁从基于库存的生产过渡到基于订单的创新，产品生产模式也从基于大批量的生产过渡到基于产品生命周期的管理，如图 1-2 所示。

经济的全球化及竞争的不断加剧，使得产品应用技术不断发生变化，如图 1-3 所示。从大批量生产到并行工程，再到协同创新，关注的焦点为市场容量、协同创新的产品开发策略、智力资源综合利用的信息技术、企业间相互协同的流程以及针对敏捷市场组合的组织。

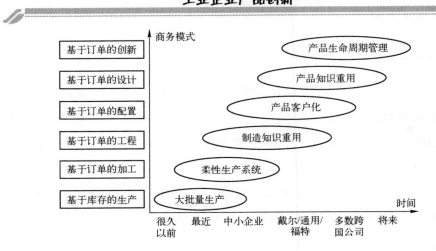

图 1-2　商务模式的变迁

	20世纪80年代	20世纪90年代	21世纪
竞争焦点	边际利润	市场占有率	市场容量
产品开发策略	较低的成本	上市的前提期	协同创新
信息技术焦点	生产率	数据共享	智力资源综合利用
流程焦点	顺序设计流程	并行工程	企业间协同
组织焦点	部门	项目组	敏捷市场组合

图 1-3　应用技术的变迁

▷▷ 1.1.3　先进制造业的发展趋势

当前世界先进制造业的发展趋势呈现出以下特点[3-8]：

● 经济增长方式从资源资本要素投入型向知识技术投入型、增强产业核心竞争力方向转变。

● 数字化制造是制造技术、计算机技术、网络技术与管理科学的交叉、融合、发展和应用结果。它包含数字化设计、数字化制造和数字化控制等。

● 数字制造理论和数字制造装备技术包括产品制造过程的数字化模型和多领域物理作用规律；高速高效数字制造理论和技术；基于新原理、新工艺的新型数字化装备；数字制造中多智能体协调和实时自律控制理论和技术。

● 现代技术的集成，以机电一体化为例，其关键是检测传感技术、信息处理技术、自动控制技术、伺服传动技术、精密机械技术、系统总体技术。

▷▷ 1.1.4 发达国家的再工业化

产业转移乃是全球经济资源更合理配置的结果，无论发达国家还是发展中国家均从中获益。但同时必须看到，制造业转移对发达国家的"副作用"也日渐显现，尤其表现为失业率上升、贫富差距扩大等经济和社会问题。金融危机爆发后，一些发达国家的实体经济承受了巨大冲击，因此再工业化成了他们的"救命稻草"，可通过政府的帮助来实现旧工业部门的复兴和鼓励新兴工业部门的增长。在国际金融危机大背景下，这一概念的再次盛行，反映了西方一些发达国家对过去那种"去工业化"发展模式的反思和重归实体经济的愿望。

美国总统奥巴马在 2012 年年初发表国情咨文，强调为了让美国经济"基业长青"，美国需要重振制造业，并表示将调整税收政策，鼓励企业家把制造业工作岗位重新带回美国。无独有偶，日本财务省也发布统计数据，2011 年日本出现自 1980 年以来的首次贸易逆差。虽然出现贸易逆差的部分原因是地震、海啸等临时性因素，但从长远来看，产业转移造成的制造业空心化是日本出现贸易逆差的趋势性因素。因此，日本政府必将出台措施，着力扭转制造业流失局面。

这些消息共同透露出一个重要信息：21 世纪前十年是发达国家去工业化、产业转移的黄金期，但这一进程可能会逆转，未来十年可能是发达国家再工业化、夺回制造业的十年。

再工业化的实质是以高新技术为依托，大力发展生物技术、风力发电、纳米技术、空间技术、电动汽车等战略性新兴技术，并以此改造传统制造业，建立新兴产业部门，创造新经济增长点，推动产业升级与经济发展方式转变。

对中国这样人口众多的发展中国家来说，未来很可能要双线作战：既需要应对来自越南等其他发展中国家对低端制造业的争夺，又需要应对美国、日本等发达国家对高端制造业的争夺。为应对发达国家"再工业化"战略带来的挑战，我国工业企业应尽快提高国际化水平，加大科研投入，大力推进技术改造和自主创新，积极、主动地投入到战略性新兴产业中去。

1.2 中国工业企业创新现状

▷▷ 1.2.1 中国制造业发展现状

1. 跨国公司"苦力"的尴尬

中国企业在全球产业和贸易体系中，付出了极大的努力和牺牲了大量的资源环境，获取的仅仅是微薄的利润，并受到恶劣的待遇。与那些跨国企业生产的产品赚取成倍的利润相比，中国企业获取的利润只有 1%～2%，承担了发达国家及跨国公司"苦力"的尴尬角色。

中国制造企业在全球产业链中处于低端的尴尬角色：大量企业没有自主的核心技术，只是照单加工，辛劳赚取微薄的利润，并且频频遭遇国外的贸易壁垒。

以鸿海集团（富士康母公司）为例，它在 2014 年《财富》世界五百强中名列第 32 位，是中国制造的代表。随着竞争的加剧及人力成本的上升，这类劳动密集型产业企业越来越难以为继，使其向中西部转移。并且作为代工企业，没有自己的产品品牌，代工赚取的加工费与品牌设计者的高额利润相比极其微薄。鸿海集团近年的利润率仅保持在 2%～3%之间，2014 年利润率为 2.7%[10]，转型升级是其面临的必然选择。

2. "市场换技术"泡沫的破裂

改革开放初期，利用外资成为我国对外开放的主要形式之一。在这种大背景下，为缩短中国制造工业与发达国家先进制造业的差距，以"市场换技术"为核心内容的利用外资战略逐步形成。希望通过与国外建立合资企业，引进国外先进的产品和技术，通过消化、吸收来逐步形成自主开发能力，并尽快跟上国际先进制造业的发展步伐。可以说，"市场换技术"政策的出台是在一定历史和经济条件下的必然选择。

这项政策对我国的制造企业的发展发挥了巨大作用。但是，这是以追求国产化率为主要目标的，带来了以下严重后果[9-12]：

● 迫使中国的企业将所有资金和人力资源投入国产化的过程中，忽视了自主品牌的打造和自主创新能力的培养。

● 合资制造产业虽引进了大量先进技术和产品，但国内企业未能通过消化、吸收而形成自主开发能力，面临"技术空心化"和"支柱产业附庸化"的危险。

可以说，经过几十年的合资合作，中国制造产业在某些产业领域虽然让出了很大的市场份额，但是没有同步形成自主开发能力，国内市场正在变成被跨国集团所控制的全球市场的一部分，因此，中国制造产业利用外资战略并没有实现"市场换技术"的战略目标。自主创新是中国企业面临的必然选择。

▶▶ 1.2.2　中国工业企业创新模式现状

党的十八大报告明确提出要实施创新驱动发展战略。科技创新是提高社会生产力和综合国力的战略支撑，必须摆在国家发展全局的核心位置。改革开放以来，我国经济发展迅速，至今已成为世界第二大经济体，制造业规模已经是世界第一。但是，很多行业产能过剩问题突出，缺乏核心竞争力的问题至今仍然困扰着我们。中国经济发展要从以规模扩张为主转向以提升质量和效益为主，必须依靠创新。实施创新驱动发展战略，提高自主创新能力是关键环节，要坚定不移地走中国特色自主创新道路，建设创新型国家。2006年全国科学技术大会明确指出：自主创新包括原始创新、集成创新和引进消化吸收再创新3种形式。自主创新能力是国家竞争力的核心。回顾我国工业企业的创新现状，大致有表1-1中的几种创新模式。

表1-1　中国工业企业创新模式

创 新 模 式	模 式 的 特 点	效 　 果
引进技术	没有资源及技术，引进有形及无形资源	实现原始资源积累和经济水平的初步提升
模仿创新	缺乏资源及技术，模仿及制造	资源及技术逐步提升，品牌认同度不高，产品处于价值链的底端
集成创新	利用已有技术与资源的有机组合，构成新的产品与技术	集成各种要素，于优化组合中产生"1+1>2"的集成效应
原始创新	原始性与突破性的产品和技术创新	资源结构优化，资源与经济实力高速积累，品牌认同度高，具有高附加值

1. 引进技术

在发展初期，引进技术是增强创新能力的重要手段，是中国家工业企业提升自主创新能力的重要途径。日本、韩国、爱尔兰等国家十分注重引进国外技术，成功走出了一条通过引进、消化、吸收、再创新提高自主创新能力的路子。1955—1970 年，日本用不足 60 亿美元的外汇，大量引进当时世界主要先进技术，在此基础上进行消化、吸收、再创新，在较短时间内成为世界经济大国。

近年来，我国生产技术有了较大飞跃，但与世界先进水平相比，仍存在较大差距，主要表现为产品的技术水平、质量和成本等缺乏竞争力。在提升自身创新水平的同时，大力引进国外的高新技术是提升创新能力的重要手段。

改革开放 30 多年来，我国通过直接引进国外先进技术，增加了技术积累，为增强自主创新能力奠定了基础。但是，一些企业往往只重视引进技术，不注意进行消化、吸收、再创新，结果导致自主创新能力不足、国际竞争力不强。在引进技术的同时要把对引进技术的消化、吸收、再创新，作为增强创新能力的重要方面。近年来，我国引进技术的消化、吸收、再创新工作取得了一些进展，但还存在以下亟待解决的问题：

（1）投入不足。全国引进技术与消化、吸收、再创新投入之比与日本、韩国相差甚远。

（2）组织程度不高。缺乏长期性、计划性、系统性引进技术的消化、吸收、再创新工作。

（3）政策不完善。虽然国家已经出台了相关政策，但对"鼓励引进消化吸收再创新"需要进一步出台实施细则，增强政策的针对性、实用性、可操作性[13]。

现在国际科技竞争日趋激烈，单单依靠引进技术，忽视通过引进技术培育和形成自主创新能力，将会把自己的短板不断展示到世人面前。因而必须把增强企业创新能力当作引进、消化、吸收、再创新的出发点，逐渐通过技术引进促使自主创新能力不断提高，在此基础上不断提高企业集成创新和原始创新的能力。

2. 模仿创新

模仿创新是指通过向率先创新者学习创新的思路、经验和行为，购买或破译核心技术和技术秘密，对技术进行改进和完善，根据市场特点和趋势加以深入开发的创新行为。模仿创新实质是在原来技术的基础上的学习、改进、完善、创造，成为与率先创新者类似或更高层次的技术，甚至可能替代原来的技术，而不是同一种或同一水平的技术再现[14]。

在技术创造中，模仿的第一个层次就是"学"，照着别人的产品或技术的原样做，没有自己的思想。这一层次可以称为"复制性模仿"。

模仿的第二个层次就是"似"，照着别人的产品或技术做，但有自己的思想。这一层次可以称为"创造性模仿"。

工业企业如果仅仅停留在模仿的第一阶段是没有前途的，目前国内的"山寨"手机、"山寨"平板就面临这样的境遇：刀尖上行走，价格恶战吞噬利润。

模仿创新比原始创新具有更大的优势，它对于发达国家尚具有重要意义，对于发展中国家如我国来说，更具有现实意义。近年来，比亚迪汽车（F3、F6 车型）的发展模式屡遭人们的质疑，但这并不妨碍它的销售猛增，虽遭到国外汽车的指责和诉讼，但比亚迪在海外市场的拓展也不断有所斩获。从比亚迪汽车近几年的发展历程来看，模仿创新是它最核心的竞争武器，也是最为快速的崛起模式。腾讯也是模仿创新的佼佼者，腾讯在多个应用领域取得成功，并非仅靠模仿，它为什么能让对手感觉到威胁呢？一方面是因为腾讯模仿了其应用，另一方面，腾讯具有稳定的用户，并将程序按照用户体验进行创新，达到青出于蓝而胜于蓝的效果，这才是其竞争对手感觉恐慌的缘由。

3. 集成创新

集成创新是把各个已有的单项产品或技术有机组合起来，形成一个新的产品或技术，基于设计目标，整合创新资源，优化配置，逐渐形成一个由各种适宜要素组成的优势互补、相互匹配、具备独特功能优势的有机体的行为过程。在集成创新过程中要解决好三个关键问题：一是系统集成，集成创新不是简单的叠加过程，而是系统化的集成过程；二是协同集成，协同是集成的要素问题，通过信息化网络应用实现协同运作；三是人才集成，集成创新最为关键的是要有能担当集成创新大任的人才。[15]。

综观我国众多企业，不乏集成创新的优秀者。例如，华为、中兴在程控交换机领域的崛起，联想称雄国内 PC 制造业，比亚迪由电池大王到民族汽车品牌先锋的创举，研祥智能在特种计算机行业的超越，重庆隆鑫和力帆在中国本土摩托车制造业的强势地位，大连造船厂和江南造船厂快速追赶世界造船业等，都离不开集成创新的协同作用或集成创新对企业自主创新的推动。

4. 原始创新

原始创新是指前所未有的重大科学发现、技术发明、原理性主导技术等创新成果。原始性创新意味着在研究开发方面，特别是在基础研究和高技术研究领域取得独有的发现或发明。原始性创新是最根本的创新，是最能体现智慧的创新，是一个民族对人类文明进步做出贡献的重要体现[16]。

改革开放以来，我国企业在原始创新方面取得了丰硕的成果。2014年，我国知识产权创造取得新进展，发明专利申请受理量呈现强劲增长的良好态势，国内专利申请和授权结构不断优化，企业知识产权创造主体地位逐步稳固。2014 年，国家知识产权局共受理发明专利申请 92.8 万件，同比增长 12.5%，共授权发明专利 23.3 万件，其中，国内发明专利授权 16.3 万件，占总量的 70.0% [12]。虽然我国企业在原始创新方面已经有了巨大的进步，但与发达国家的企业相比还具有较大的差距。在我国企业中，原始创新活极度匮乏，企业原始创新能力严重不足，相当数量的企业仍然处在设备结构老化、生产成本高、新产品开发和升级换代缓慢的状态。

1.3 中国工业企业提升创新能力的迫切需求

随着经济全球化浪潮的推进，中国制造业得到了迅速的发展，中国赢得了"世界工厂"的称号，成了名副其实的制造大国。然而我国制造业绝大多数关键技术及其装备长期依赖进口，基本处在模仿或者引进、消化、吸收、落后、再引进的层次；绝大部分制造企业尚未成为技术创新的主体，还没有形成激励创新的体制机制和文化环境，缺乏大量的技术创新的优秀领军人才，从而导致企业的技术开发能力和自主创新能力相对薄弱；我国原创性的思想、理论、方法、技术、工具、系统和产品还很少，还没有形成有利于创造和创新的产业价值链和生态链（除了国防工业企业（因为买不来，也模仿不到，反而能够做好自主创新）和极少数的国际知名品牌的民族企业（如华为、联想、海尔等））。总体来说，我国制造企业的自主创新能力还很弱。

党的十八大报告中指出，要实施创新驱动发展战略。创新驱动是科学发展观的要求，也是转变经济发展方式的要求。只有通过创新驱动，中国经济才能实现由大到强。

2014 年 8 月 18 日，习近平总书记在中央财经领导小组第七次会议上指出，要加快实施创新驱动发展战略，加快推动经济发展方式转变。我国是一个发展中的大国，正在大力推进经济发展方式转变和经济结构调整，必须把创新驱动发展战略实施好。实施创新驱动发展战略，就是要推动以科技创新为核心的全面创新，坚持需求导向和产业化方向，坚持企业在创新中的主体地位，发挥市场在资源配置中的决定性作用和社会主义制度优势，增强科技进步对经济增长的贡献度，形成新的增长动力源泉，推动经济持续健康发展。当前，新一轮科技革命和产业变革正在孕育兴起，全球科技创新呈现出新的发展态势和特征，新技术替代旧技术、智能型技术替代劳动密集型技术趋势明显。我国依靠要素成本优势驱动、大量投入资源和消耗环境的经济发展方式已经难以为继。我们必须增强紧迫感，紧紧抓住机遇，及时确立发展战略，全面增强自主创新能力，掌握新一轮全球科技竞争的战略主动权[13]。

2014 年 7 月 14 日，李克强总理主持召开经济形势座谈会，指出用改革创新提升企业创造力和竞争力。面对世界经济纷繁复杂、全球竞争日益激烈的局面，我国企业不能坐等观望，而要抢抓机遇、敢闯敢试、主动转型。当前一些企业逆势增长，充分说明抓紧促改革、调结构，推动转型升级才是摆脱困境的根本出路。各类企业都要着力改革创新，运用新技术，发展新产业，培育新业态，在闯市场中不能仅靠价格竞争，更要靠质量取胜，在市场搏击中强筋健骨，提升竞争能力，努力冲出传统发展方式的"重围"，实现提质增效的"新生"[17]。

▷▷ 1.3.1　创新提升企业的核心竞争力

企业的核心竞争力就是别人不具备的或者一时具备不了的独特的优势和能力，是企业的核心价值。

美国著名战略学家帕拉哈德（C.K. Prahalad）和哈默（Gary-Hamel）于 1990 年在《哈佛商业评论》中将企业核心竞争力解释为企业的"一组先进的技术的和谐组合"。这里提到的先进技术既包括科学技术，又包括管理和营销等方面的技能。

企业的创新能力体现为所掌握的核心技术和运营模式。如计算机的 CPU 和操作系统等，拥有"核心技术和独特的运营模式"的企业一般能赚取高额利润。苹果公司牢牢控制了产品的研发和品牌营销，其产品制造外包给富士康等制造加工企业，赚取了超额利润。

苹果公司每一次产品的推陈出新，都不仅是产品技术创新，更是包含商业模式的创新。苹果公司的创新体现在产品再造的各个环节之中：从新业务模式、产品需求的引领到产品营销等。苹果推出的从来都不只是一个硬件产品，而是整合了软件服务和新商业模式的整体，实行"产品+内容"的商业模式创新，继而对原有产业的理念和格局带来冲击，形成了苹果独一无二的核心竞争力，吸引无数苹果的忠诚客户，获得了商业上的巨大成功，连续几年成为全球最具创新力的公司。

▷▷ 1.3.2　先进的核心技术不可能引进

我国的企业转型升级，必须将核心技术建立在立足自身的开发与创新上，长期依靠引进只能亦步亦趋，受制于人。

目前世界上最先进的专利和科技80%为发达国家的跨国公司垄断，作为攻占市场的利器，其转让费及高额许可费是发展中国家无力承受的。最先进的技术是引不进来或引进不起的。

核心技术和关键技术是跨国公司获取垄断利润的主要源泉。拥有核心能力的公司对其核心技术的推出是非常谨慎的，并非一下子把核心技术都拿出来到市场上推广。如 IBM 公司、微软公司等都有一套完整的技术战略。

另外，还有一个有趣的现象，当发展中国家的企业研发出之前只被发达国家企业所掌握的核心技术时，发达国家企业往往立即摆出愿意低价转让技术的姿态，以此来占领市场。而当发展中国家企业无法掌握其核心技术时，发达国家企业要么漫天要价，要么拒绝转让核心技术。因此，为了提升创新能力，必须立足自身，提升创新能力。

1.4　中国工业企业创新的中国梦

▷▷ 1.4.1　工业企业价值链产业转型方向

中国经济已经进入重大转型期，劳动力、资源和环境成本都在提高，单纯依赖投资驱动、规模扩张、出口导向的发展模式难以为继。今后的发展方向是提升价值链，提升产品附加值，通过提高质量和效益来赢得更长时间的可持续发展。

制造业的利润主要来自品牌价值、知识产权、核心技术、产品设计、高技术零部件等。而中国制造业总体上处于生产和组装这两个产业环节，大多是高劳动、高能耗、低附加值的劳动密集型产业，处于工业产业链（"微笑"曲线如图 1-4 所示）的底端。与发达国家相比，我国的产业价值曲线呈现"苦笑"型。

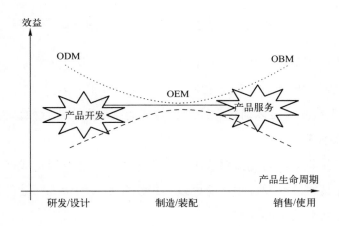

图 1-4　产品生命周期的科学发展观

全面增强自主创新能力，提高产业技术水平，是我国工业产业由"苦笑"曲线走向"微笑"曲线的关键。因此，必须从我国的基本国情出发，充分借鉴国际经验，不断强化创新意识，在创新目标、创新方式、创新机制等方面，努力走出一条具有中国特色的自主创新之路。如图 1-5 所示，产业结构调整方向主要可以围绕产品创新、智能制造、管理创新与服务创新四个维度，从"中国制造"的"红海"，走向"中国创造"以及"中国服务"的"蓝海"。

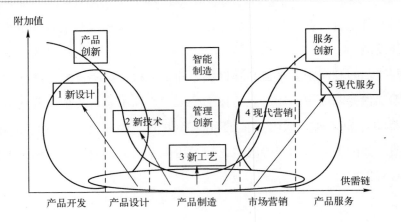

图 1-5 科学发展观：产业结构调整方向

实现"中国创造"以及"中国服务"，需要努力提升工业企业整体创新水平，通过研发创新以及服务创新增强工业企业的"软实力"。对于传统的"中国制造"模式，可以通过管理创新与智能制造，来进行改造提升。

1. 产品创新

缺乏产品研发创新能力对我国向世界制造业中心发展形成严重制约，对新设计、新技术的开发过程本身、过程组织和相关的管理活动的研究成了产品设计开发研究的中心课题。

研发技术通过融合和集成形成一系列研发知识、流程、规范和方法，通过软件化形成管理和设计工具系统或平台。这些系统和平台就构成了产品研发设计信息化系统的基本要件。进而研发设计信息系统可以全面支持产品研发生命周期中的各个研发过程，最后形成产品创新。整个过程最终提高了企业的整体研发能力。

2. 管理创新

管理创新是指企业把新的管理要素（如新的管理方法、新的管理手段、新的管理模式等）或要素组合引入企业管理系统，以更有效地实现组织目标的活动。

3. 智能制造

智能制造是采用智能化的装备、工艺、生产调度、故障诊断、智能化控制系统等的系统集成，使制造过程柔性化、智能化、信息化和高度集成化。

4. 服务创新

服务创新就是使潜在用户感受到不同于从前的崭新内容。服务创新为用户提供以前没能实现的新颖服务，这种服务在以前由于技术等因素的限制不能提供，现在因突破了限制而能提供。[18]。

▷▷ 1.4.2　创新需要方法论体系

创新是企业生存和发展的不竭源泉和动力，成为中国企业无法回避的课题和必须应对的挑战。企业要实现转型和创新，光有意愿和决心是远远不够的，还需要有正确的创新策略和方法。

"自主创新，方法先行"，创新方法体系是自主创新的根本。创新活动是有规律可循的，发掘、认识和把握这些规律，掌握创新的方法，可以加快创造发明的进程，帮助企业提高创新的效率[19-21]。

有效利用系统化的创新方法、流程和体系的意义如下：

● 预测产业、技术与产品的发展趋势，把握创新战略方向。

● 解决正确的问题，分析把握问题本质，避免解决对本质影响不大的问题。

● 正确地解决问题，有效利用前人经验和已有知识。

● 提升技术与产品的价值，形成核心技术和突破垄断壁垒。

三星公司是目前全球最具创新力的公司之一。虽然人们对三星的成功有着许多不同的解读，但自 20 世纪 90 年代以来，三星集团在探索新的经营理念和促进创新的过程中，充分结合企业的实际，逐步形成了适合自身发展系统的创新方法应用体系，包含以下六个方面的持续创新[22]：

● 产品创新：三星电子的成功依赖于持续提供时髦的、出人意料的愉悦消费者的产品。

● 技术创新：作为一家快速发展的公司，三星电子持续开发关键技术，培养核心的技术人才，对研发的高效投资使得三星电子在强手如林的市场上鹤立鸡群。

● 营销创新：三星公司在与客户接触的各个层面采用新的方法，持续建设品牌，推动销售。

● 成本创新：多年来，三星电子坚持应用精益和六西格玛方法论，提高质量，降低成本，缩短交货期，在控制成本的同时对创新行为予以奖励。

● 全球管理创新：获得全球范围的成功需要在关键市场有健全强大的网络，对当地市场有深刻透彻的了解。有能力在机会呈现的时候当机立断、占尽先机。三星电子一直秉持高度当地化的产品战略，以满足各地市场独特的需求，同时缩短和加快决策的过程。三星电子有七个研发设计中心，在韩国国内只有一个，各中心设计师不断探索和尝试符合当地文化、生活方式和产业趋势的设计。

● 组织文化创新：作为一家充满活力、反应敏捷的公司，三星电子的管理层致力于创建一种工作氛围：主动沟通，积极提出问题，人人从成功和失败中吸取养分。

综上所述，研究创新方法体系可以帮助企业结合自身的实际情况，选择适宜的创新方法，提高创新效率。

▷▷ 1.4.3 信息化与工业化融合是工业企业创新的重要支撑手段

党的十八大报告提出，"坚持走中国特色新型工业化、信息化、城镇化、农业现代化道路，推动信息化和工业化深度融合、工业化和城镇化良性互动、城镇化和农业现代化相互协调，促进工业化、信息化、城镇化、农业现代化同步发展"，即"新四化"。同步发展的"新四化"中，信息化是新增的内容，这表明信息化已被提升至国家发展战略的高度。"两化融合"是指信息化与工业化互相依存、互相促进、共生共荣，它是一个双向的过程。"两化融合"本质上是一个需求（主要是工业化的需求）牵引、技术（主要是信息技术）驱动的过程[23]。

信息化与工业化的互动与融合，发生于以下三个层面[24]：

（1）产品层面：用信息化技术开发新产品，将信息化综合到各种产品中，实现产品功能整合，形成智能产品等新型产品。

（2）生产经营层面：信息化技术装备生产手段，改善制造工艺与生产流程，实行信息化的企业客户关系管理、供应链管理、基于价值的管理等，实现生产经营体系的耦合，形成自动化生产、电子商务、虚拟组织等。

（3）产业层面：信息化成为产业领域的通用技术，并形成互联互通的信息流和服务流平台，促进产业融台，形成新媒体产业、"一条龙"的新型生产服务业等。

工业化与信息化互动与融合的核心是创新，而且是全社会范围内的系统集成创新[25]。

● 在技术层面，更多的是面向战略需要的技术集成创新。

● 在产品层面，注重在原有不同产品基础上加以整合，进而融为一体的产品重新塑造的创新。

● 在市场层面，更主要的是原有不同市场之间重新调整与组合的创新。

● 在组织层面，不仅涉及其内部结构创新，更主要的是构建与外部联系特别是网络化联系的创新。

参 考 文 献

[1] Industrie 4.0 Working Group. Recommendations for Implementing the Strategic Initiative [J] .Industrie 4.0 Final Report, 2013(4).

[2] Industrie 4.0 in Produktion, Automatisierung und Logistik: Anwendung· Technologien· Migration[M]. Fachmedien Wiesbaden: Springer-Verlag, 2014.

[3] 杨叔子，吴波. 先进制造技术及其发展趋势[J]. 机械工程学报，2003(10):73-78.

[4] 杨叔子，吴波，李斌. 再论先进制造技术及其发展趋势[J]. 机械工程学报，2006(1):1-5.

[5] 宋天虎. 先进制造技术的发展与未来[J]. 中国机械工程，1998(4):2-6.

[6] 檀润华，曹国忠，陈子顺. 面向制造业的创新设计案例[M]. 北京：中国科学技术出版社,2009.

[7] 路甬祥. 中国制造科技的现状与发展[J]. 中国科学基金，2006(5):257-261.

[8] 肖高. 先进制造企业自主创新能力结构模型及与绩效关系研究[D]. 杭州：浙江大学，2007.

[9] http://www.fortunechina.com/fortune500/c/2014-07/07/content_212535.htm.

[10] 吴松泉，王今. 中国汽车产业"市场换技术"战略分析[J]. 汽车工业研究，2005(8):10-13.

[11] 罗良忠. 从"市场换技术"到"技术换市场"的新模式研究[J]. 汽车与配件，2008(28):18-21.

[12] 洪露. 论外商直接投资对我国产业结构的影响及对策[D]. 济南：山东大学，2006.

[13] 马云俊. 从模仿创新到自主创新——我国钢铁产业技术进步路径转换研究[J]. 沈阳工程学院学报（社会科学版），2008(1):49-52.

[14] 吴昌南. 国内外模仿创新研究述评[J]. 技术与创新管理,2009(1):1-3,7.

[15] 李子静. 山西省装备制造业技术集成创新能力研究[D]. 太原：太原科技大学，2010.

[16] 王立伟. 河北省制造业自主创新现状分析与对策研究[D]. 石家庄：河北科技大学，2009.

[17] 李荣融. "市场换技术"换不来领先技术[J]. 中国经济周刊，2006(17):13.

[18] http://www.sipo.gov.cn/zscqgz/2014/201501/t20150116_1062609.html.

[19] http://news.xinhuanet.com/politics/2014-08/18/c_1112126938.htm.

[20] http://politics.people.com.cn/n/2014/0714/c1024-25280217.html.

[21] 周道生，赵敬明，刘彦辰. 现代企业技术创新[M]. 广州：中山大学出版社，2007.

[22] 余锋. 三星电子的创新公式[J]. 时代经贸，2013(2):64-65.

[23] http://gjss.ndrc.gov.cn/xxh/fzgh/t20090828_298468.htm.

[24] 周振华. 新型工业化道路：工业化与信息化的互动与融合[J]. 上海经济研究，2002(12):5-7.

[25] 周振华. 工业化与信息化的互动与融合[J]. 中国制造业信息化，2008(2):18-19.

2

2 创新内涵

2.1　创新的定义与内涵

　　"创新"（Innovation）一词首先出自熊彼特（J. A. Schumpeter）1912年德文版的《经济发展理论》[1]中，他把"创新"定义为：企业家实现对"生产要素的重新组合"。其表现形式有六种：引进一种新产品或提供一种产品的新质量；采用一种新的生产方式；开辟一个新市场；找到一种原料或半成品的新来源；发明一种新工艺；实现一种新企业组织形式。

　　经济合作与发展组织（OECD）提出："创新的含义比发明创造更为深刻，它必须考虑在经济上的运用，实现其潜在的经济价值。只有当发明创造引入经济领域，它才成为创新。"

　　此外，德鲁克认为创新是组织的一项基本功能，是管理者的一项重要职责，它是有规律可循的实务工作。创新并不需要天才，但需要训练；不需要灵光乍现，但需要遵守"纪律"。

2.2　创新模式

▷▷ 2.2.1　封闭式创新

　　封闭式创新（Closed Innovation）[2-3]，是指着眼于企业内部，将自身的创意进行开发，在此基础上研制新产品、引入市场，然后再由企业内部的人员进行分销，提供服务、资金以及技术支持，如图2-1所示。在这种创新模式下，企业通过对内部研发机构的投资，挖掘企业自有的新技术，然后将其变为新产品，创新过程中始终密切关注的是企业内部。

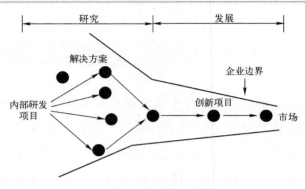

图 2-1 封闭式创新模型

封闭式创新的特点是：劳动力流动性低、风险投资少、技术流动困难，且对企业研发能力要求高，大学等机构的影响力不重要。封闭式创新之所以能够为企业带来成功，是因为封闭式创新在企业内部创造出了一种"良性循环"，即企业先投资于内部研发事业，然后开发出很多突破性的新技术。这些新技术可以使企业向市场推广新产品和服务，实现更高的利润，接着再投资于更多的内部研发工作，这又会导致进一步的技术突破并带来新一轮的产品和服务的市场推广，从而形成一个良性的循环[4]。

封闭式创新是 20 世纪中早期，甚至更早的时期里大多数企业所采用的创新模式。在这种创新模式下，很多企业获得了巨大的成功，如著名的德国化工业的中央研究实验室、美国通用电器公司实验室等。然而，20 世纪 90 年代以来，随着信息、知识和资本的全球化，人才的可获得性和流动性增强，风险投资市场兴起，外部供应商的生产能力不断提高，被搁置的研究成果面临外部选择，一系列腐蚀封闭式创新的破坏性因素产生，破坏了封闭式创新模式的运行环境。

▷▷ 2.2.2　开放式创新

"开放式创新"的概念最早由加州大学伯克利分校哈斯商学院副教授和开放式创新中心主任亨利·切萨布鲁夫（Henry W.Chesbrought）于 2003 年

5 月提出。切萨布鲁夫指出开放式创新是指均衡协调企业内部和外部的资源来形成创新思想，同时综合利用企业内外部市场渠道为创新活动服务。开放式创新的观念指出，企业应把外部创意和外部市场化渠道的作用上升到和封闭式创新模式下的内部创意以及内部市场化渠道同样重要的地位，均衡协调内部和外部的资源进行创新，不仅把创新的目标寄托在传统的产品经营上，还积极寻找外部的合资、技术特许、委外研究、技术合伙、战略联盟或风险投资等合适的商业模式，以尽快地将创新思想变为现实产品与利润[5-6]。

开放式创新的最终目标是以更快的速度、更低的成本，获得更多的收益和更强的竞争力。可以用一个"筛子"来形容在开放式创新模式下，创意从产生到最终成为进入市场的产品的过程（见图 2-2），即企业不仅自己进行创新，也充分利用外界的创新；不仅充分实现自己的创新的价值，也充分实现自己创新"副产品"的价值，这主要通过图 2-2 中的渗出机制和途径（包括由企业员工创立新的企业、外部专利权转让或员工离职等）来实现。在封闭式创新模式下，企业对市场机遇与技术机遇的认识都是从内部出发的，这很可能出现供给与需求的偏差；而在开放式创新模式下，企业对市场机遇与技术机遇的认识都是从外部出发的，这使得"有效供给"更可能实现[6]。

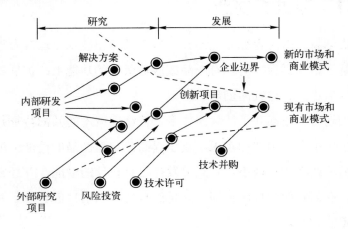

图 2-2 开放式创新模型

开放式创新是各种创新要素互动、整合、协同的动态过程，这要求企业与所有的利益相关者之间建立紧密联系，以实现创新要素在不同企业、个体之间的共享，构建创新要素整合、共享的网络体系。具体的利益相关者包括全体员工、客户、供应商、全球资源提供者、知识工作者，甚至竞争对手。开放式创新与封闭式创新的对比见表2-1。

表2-1 封闭式创新与开放式创新的对比

封闭式创新	开放式创新
行业范例：核反应、大型主机	行业范例：个人计算机、电影制造业
主要依靠内部创意	很多外部创意
劳动力流动性低	劳动力流动性高
风险投资很少	风险投资很积极
新创业企业很少，力量薄弱	新创业企业数量众多
大学等机构的影响力并不重要	大学等机构的影响力很重要

2.3 创新的层次

2.3.1 渐进式创新

渐进式创新，有时也称为连续性创新，是指在技术原理没有重大变化的情况下，基于市场需要，对现有产品或服务所做的功能上的扩展和技术上的改进引起的渐进的、连续的创新。

渐进式创新一般都基于持续性技术，持续性技术的共同特征是满足企业组织主流市场中主流用户的需求，逐步提高已定型产品的性能。渐进式创新对现有产品的改变相对较小，它充分发挥已有设计的潜能，并经常强化老公司的优势。在创新的过程中也需要大量的技巧和创造性的智慧，并且能为企业带来稳定的收益。

渐进式创新从另一方面来说就是已有方法或实践的延续，包括市场上已有产品的延伸；相对于"革命性"而言，它们是"进化性"的。供应商和消费者都对渐进式技术创新产品及其所具有的功能有一个明确的概念。现有产品应该非常接近于渐进式技术创新所带来的产品。渐进式技术创新发生在"需方"市场，其中，产品的属性可以很好地定义，并且消费者可以清楚地说出他们的需求。与将互联网看作激进式技术创新的观点相反，有人将它与电视的影响相提并论，认为它是进化性的创新，是技术连续集中于降低成本与促进信息分配的产物[7]。

▷▷ 2.3.2 本质性创新

本质性创新包括重大突破产品创新和狭义的全新产品创新两个方面。

重大突破产品是指采用全新技术，开辟了一个全新市场，并且这种产品所引致的技术或市场的不连续性发生在宏观和微观两个层面，这类产品所导致的整个世界市场、所属产业的不连续性，甚至对人类的社会生活和经济运行模式产生重大影响，也使得企业或客户的认知产生全新变革，如蒸汽机、电灯、电视机等。

狭义的全新产品是指在宏观即世界市场、产业层面导致市场或技术二者之一的不连续性，并在微观即企业、目标客户层面同时引起市场和技术变革的产品，其变现为新产品线、产品线延伸和依据现有技术的市场拓展，如智能手机、数码照相机、平板电脑等。

▷▷ 2.3.3 破坏性创新

破坏性创新理论是由哈佛商学院教授克里斯坦森（Clayton Christensen）提出来的，他写的两本书《创新者的窘境》[8]和《创新者的出路》[9]，都对如何提高创新的成功率有非常深刻的认识。他认为，破坏性创新是利用技术进步效应，从产业的薄弱环节进入，颠覆市场结构，进而不断升级自身的产品和服务，爬到产业链的顶端[10]。破坏性创新模型如图 2-3 所示。

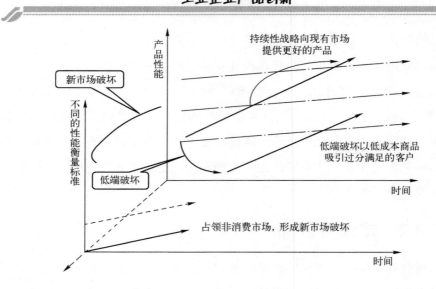

图 2-3　破坏性创新模型

　　破坏性创新有以下特征：①非竞争性。与渐进式创新旨在满足高端市场不同，破坏性创新初期通常立足于低端市场或新市场，这使其能够避免过早地与大企业发生正面冲突，从而为自身成长创造一个良好的外部环境。②低端性和简便性。破坏性创新产品的性能尽管没有高端市场产品好，但它为消费者带来极大的便利，使原本必须由专业人士解决的问题，消费者自己就可以解决。低端和简便使产品的价格更低廉，进而吸引更多的消费者。③客户价值导向性。破坏性创新能够帮助客户更容易解决问题，这是其价值所在，即帮助客户创造价值。④产业竞争规则的颠覆性。技术和需求的变化会导致产业竞争规则的改变。

2.4　创新的类型

　　拉里・基利（Larry Keeley）在 2006 年提出了一个创新分类模型[11]，如图 2-4 所示。此模型根据涉及产品生命周期的过程，将创新划分到四大领域，包括管理、流程、产品和交付，并细分出了十种类型的创新。根据此模型，对创新类型进行重新组织，将创新类型提炼为六种，分别为商业模式创新、业务流程创新、技术创新、产品创新、服务创新、品牌创新，并分别进行讨论。

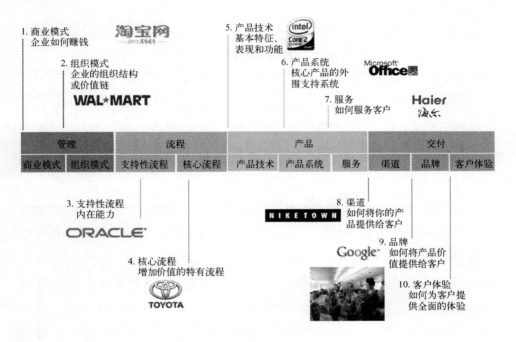

图 2-4　拉里·基利的创新分类模型

▷▷ **2.4.1　商业模式创新**

商业模式是指一个完整的产品、服务和信息流体系，包括每一个参与者和其在其中起到的作用，以及每一个参与者的潜在利益和相应的收益来源与方式。商业模式创新作为一种新的创新形态，其重要性已经不亚于技术创新等。近几年，商业模式创新在我国商业界成为流行词汇。

商业模式创新是指企业价值创造提供基本逻辑的创新变化，它既可能包括多个商业模式构成要素的变化，也可能包括要素间关系或动力机制的变化。

由于商业模式构成要素的具体形态表现、相互间关系及作用机制的组合几乎是无限的，因此，商业模式创新企业也有无数种。但可以通过对典型商业模式创新企业（见表 2-2）的案例考察，看出以下商业模式创新的三个构成条件：

表 2-2　20 世纪新商业模式的创造者

年　代	创　造　者
20 世纪 50 年代	麦当劳（McDonald's）和丰田汽车（Toyota）
20 世纪 60 年代	沃尔玛（Wal-Mart）和混合式超市（Hypermarkets）
20 世纪 70 年代	FedEx 快递和 Toys R US 玩具商店
20 世纪 80 年代	百视达（Blockbuster），家得宝（Home Depot），英特尔（Intel）和戴尔（Dell）
20 世纪 90 年代	西南航空（Southwest Airlines），Netflix，易贝（eBay），亚马逊（Amazon.com）和星巴克咖啡（Starbucks）

（1）提供全新的产品或服务，开创新的产业领域，或以之前所未有的方式提供已有的产品或服务。

（2）其商业模式至少有多个要素明显不同于其他企业，而非少量的差异。

（3）有良好的业绩表现，体现在成本、盈利能力、独特的竞争优势等方面。

同时相对于传统的创新类型，商业模式创新有以下明显的特点：

（1）商业模式创新更注重从客户的角度，从根本上思考设计企业的行为，视角更为外向和开放，更注重和涉及企业经济方面的因素。

（2）商业模式创新表现得更为系统和根本，它不是单一因素的变化。

（3）从绩效表现看，商业模式创新如果提供全新的产品或服务，那么它可能开创了一个全新的可盈利产业领域，即便只提供已有的产品或服务，也能给企业带来更持久的盈利能力与更大的竞争优势[12]。

▷▷ **2.4.2** 业务流程创新

企业是通过若干业务流程运作的，业务流程是指为完成某一目标（任务）而进行的一系列逻辑相关的活动的有序集合。业务流程创新思想最早是由美国麻省理工学院信息科技专家米歇尔·哈默（Michael Hammer）于 1990 年在《哈佛商业评论》中提出的，伴随 1993 年米歇尔·哈默与剑桥的 CSC 索引咨询集团董事长詹姆斯·钱皮（James Champy）合著的《改革公司：企业革命的宣言书》一书的出版，业务流程创新逐渐成为 20 世纪 90 年代以来企业管理的主流，在工业发达国家乃至全球工商管理界掀起了一场业务流程创新热潮。

按照米歇尔·哈默和詹姆斯·钱皮所下的定义：业务流程创新是对业务流程从根本上进行重新思考，并彻底地重新设计业务流程，以期在衡量企业表现的关键指标如成本、质量、服务、速度等方面获得巨大改善[13]。

从概念上看，业务流程创新具有以下本质特性：

（1）业务流程创新的出发点——客户的需求。

（2）业务流程创新的对象——企业的业务流程。

（3）业务流程创新的主要任务——对企业业务流程进行根本性的反省、彻底的再设计。

（4）业务流程创新的目标——绩效的巨大飞跃。

▷▷ **2.4.3** 技术创新

熊彼特继 1912 年德文版的《经济发展理论》发表后，在 1939 年出版的《商业周期》（*Business Cycles*）[14]一书中又率先提出"技术创新"一词，然而并没有直接对技术创新进行严格定义。学术界普遍认为，熊彼特在 1912 年提出的创新概念过于强调从经济角度来考察创新。技术创新不仅包括经济学意义上的新产品、新过程、新系统和新装备等形式，还应当包括与技术应用有直接联系的基础研究和市场行为。这扩展和延伸了熊彼特所定义的"创新"内涵。在当前"创新力经济"时代，技术创新是创新的核心甚至全部，因此可以认为，"技术创新"与"创新"基于同一概念[15]。要理解"技术创新"这一概念的特定内涵，应抓住以下要点：

（1）技术创新是科技活动过程中的一个特殊阶段，即技术领域与经济领域之间的技术经济领域，其核心是知识商业化。国家大力度的科技投入，为基础研究、技术发明和技术前沿攻关，使投入转化为知识或成果；而企业的技术创新，则是使这些知识或成果实现商业价值。

（2）技术创新是受双向作用的动态过程。技术创新始于综合科学技术发明成果与市场需求双向作用所产生的技术创新构想，通过技术开发，使发明成果首次实现商业价值。

（3）衡量技术创新成功的唯一标志是技术成果首次实现其商业价值。技术创新是以市场为导向、以效益为中心，而不是以学科为导向和以学术水平为中心。这就表明，具有创造性和取得市场成功是技术创新的基本特征。同时，技术创新的目的不仅仅是推动技术进步和生产发展，主要在于"实现社会商业价值"。

（4）企业是技术创新的主题，企业家是企业技术创新的灵魂。美国经济学家曼斯菲尔德（Edwin Mansfield）认为：当一项发明可以应用时，方可称之为"技术创新"。澳大利亚学者唐纳德·瓦茨（Donald Watts）认为：技术创新是企业对发明成果进行开发并最后通过销售而创造利润的过程。[16]

▷▷ 2.4.4 产品创新

产品创新，是指开发出满足客户需求，提升客户体验，甚至创造客户需求的新产品。产品创新可分为全新产品创新和改进产品创新。

根据创新产品进入市场的先后，产品创新模式可分为率先创新和模仿创新。率先创新是指依靠自身的努力和探索，产生核心概念或核心技术的突破，并在此基础上完成创新的后续环节，率先实现技术的商品化和市场开拓，向市场推出全新产品。模仿创新是指企业通过学习、模仿率先创新者的创新思路和创新行为，吸取率先者的成功经验和失败教训，引进和购买率先者的核心技术和核心秘密，并在此基础上改进完善，进一步开发[17]。

产品创新源于市场需求，源于市场对企业的产品技术需求，即技术创新活动以市场需求为出发点，明确产品技术的研究方向，通过技术创新活动，创造出适合这一需求的适销产品，使市场需求得以满足。在现实的企业中，产品创新总是在技术、需求两维之中，根据本行业、本企业的特点，将市场需求和本企业的技术能力相匹配，寻求风险收益的最佳结合点。产品创新的动力从根本上说是技术推进和需求拉引共同作用的结果。

企业发展有一个长期的战略，产品创新在该战略中起着关键的作用。产品创新也是一个系统工程，对这个系统工程的全方位战略部署是产品创新的战略，包括选择创新产品、确定创新模式和方式以及与技术创新其他方面协调等。

▷▷ 2.4.5　服务创新

20 世纪 90 年代以来，全世界的生产制造商为了实现持续的利润增长，在自身工业产品的基础上，不断提升工业服务含量来提高企业竞争力。当前社会经济发展的驱动力由传统的物质产品生产转变为面向客户需求的产品服务生产，工业服务在企业利润中的比重不断提高。同时，制造企业的管理模式也从面向生产制造过程的管理转变为面向产品服务系统的管理。即在产品创新的同时，借助产品的服务增值，实施适合自身的服务创新战略，促进传统制造业向现代服务业转型。

服务创新的根本是针对产品服务价值创造相关的研究，主要围绕对产品服务价值创造所涉及的重要概念、体系、网络、机理、流程等方面展开更加深入的讨论。首先对服务价值创造相关重要概念进行标准化的定义，彻底分析工业产品服务价值创造体系，随后详细研究产品服务价值创造体系的价值创造网络和价值创造机理，构建面向通用产品服务的价值创造流程。

使用产品服务的价值创造理论为制造商的服务转型提供新的思路，从价值角度分析服务型制造企业的生产活动，并让客户真正参与到价值创造的活动中，实现产品服务的价值创造。广泛应用产品服务价值创造流程，从客户需求的价值识别入手，依据客户的价值需求，确定满足客户个性化需求的价值主张，通过优化后的价值交付流程，把产品服务交付给客户，提高客户的满意度水平，并通过价值评价，反馈产品服务价值创造过程中发现的绩效不足与能力不足，形成一个封闭的价值创造体系，从而形成了一种良性的产品服务演化循环。

服务创新的关键技术包括产品服务商业模式设计技术、服务需求的识别分析技术、服务需求的转化技术、服务模块的创建技术、服务方案配置优化技术、服务交付设计技术等。

▷▷ 2.4.6　品牌创新

品牌创新是指随着企业经营环境的变化和消费者需求的变化，品牌的内涵和表现形式也要不断变化和发展。纵观世界知名品牌，特别是一些百年品牌，如可口可乐、杜邦等，其品牌能长盛不衰的原因之一就是不断进行品牌和产品创新。

品牌是时代的标签，无论是品牌形式，如名称、标志等，还是品牌的内涵，如品牌的个性、品牌形象等，都是特定客观社会经济环境条件下的特殊产物，并作为一种人的意志体现。社会的变化、时代的发展要求品牌的内涵和形式不断变化，经营品牌从某种意义上说就是从商业、经济和社会文化的角度对这种变化的认知。如果一个品牌缺乏创新，必然会给人以落伍和死气沉沉的感觉，并可能承担其品牌市场份额被其他品牌侵占的风险。所以说，品牌创新是品牌自我发展的必然要求，是克服品牌老化、品牌生命得以延长的唯一途径。

一般说来，品牌创新的动因主要有两个：①消费者需求的变化激发品牌创新；②新的竞争环境需要品牌定位的修正与形象的更新[18]。

品牌是以产品为载体的，离开了高质量的产品，品牌也就成了无本之木，无源之水。品牌创新最重要的是依靠技术创新，技术创新必然带来产品创新。同时品牌策略的合理利用也是品牌创新的一种方式，包括品牌延伸策略、副品牌策略，另外，还可以通过更改品牌名称、变换品牌标志、创新广告形式、与消费者进行互动沟通等方式更新品牌形象。

2.5 创新分类的价值

创新分类的价值体现在以下几个方面：

（1）使创新上升为一门科学。

（2）使创新过程具体化、流程化。

（3）有助于创新者认识自己的思维方式。

（4）使创新者有意识地去培养创新技能（包括观察力、发现问题能力、操作能力、系统分析和系统决策能力、信息能力等），促进创新思维的提升。

（5）指导各个学科的科学研究，为促进创新成果的产生提供坚实的基础。

（6）指导设计和生产，创造社会价值。

参 考 文 献

[1] Schumpeter J A. History of Economic Analysis[M]. London: Psychology Press, 1954.

[2] Henry W Chesbrough. the Era of Open Innovation[J]. Sloan Management Review, 2003(44): 35-41.

[3] Henry W Chesbrough. Managing Open Innovation[J]. Research—Technology Management, 2004(47): 23-26.

[4] 王圆圆，等. 封闭式创新与开放式创新：原则比较与案例分析[J]. 当代经济管理，2008, 30(11): 39-42.

[5] 朱沙，吴绍波. 基于知识链的开放式创新研究[J]. 情报杂志，2011,30(2):110-114.

[6] 王圆圆. 企业创新：从封闭到开放[J]. 财经界（管理学家），2008(2): 48-52.

[7] 梁俊. 渐进式与激进式产品创新及其评价方法研究[D]. 长沙：中南大学,2004.

[8] Christensen C. the Innovator's Dilemma: When New Technologies Cause Great Firms to Fail[M]. New York: Harvard Business Review Press, 2013.

[9] Christensen C, Raynor M. the Innovator's Solution: Creating and Sustaining Successful Growth[M]. New York: Harvard Business Review Press, 2013.

[10] 罗名君. 基于用户需求的分析与应用研究（以上网本为案例）[D]. 广州：广东工业大学，2010.

[11] Keeley L, Walters H, Pikkel R, et al. Ten Types of Innovation: the Discipline of Building Breakthroughs[M]. New York: John Wiley & Sons, 2013.

[12] 罗名君. 基于用户需求的分析与应用研究（以上网本为案例）[D]. 广州：广东工业大学，2010.

[13] 范景健，赵令敏. 业务流程创新——连锁企业增强竞争力的新思路[J]. 商业研究，2003(11):108-111.

[14] Schumpeter J A. Business Cycles[M]. New York: McGraw-Hill, 1939.

[15] 申琳. 合作研发的机会主义行为研究[D]. 天津：天津大学，2011.

[16] 朱欢. 中国金融发展对企业技术创新的效应研究[D]. 徐州：中国矿业大学，2012.

[17] 吴风丽. QYYXZ 型豆浆机的创新设计[D]. 济南：山东大学，2006.

[18] 程桢. 品牌创新的动因及策略[J]. 管理现代化，2004(6):39-40.

3

3
常用创新方法

3.1 常用创新方法概述

常用创新方法是建立在认识规律基础上的创新心理、创新思维方法的技巧和手段，是实现创新的中介[1]。大部分以逻辑思维为主的创新方法，如演绎法、归纳法，是人们从长期科研和创新的实践过程中总结和提炼出来的，有系统的公理支持，形成了较完整的理论和方法学，而大部分以非逻辑思维为主的创新方法目前尚处于初生阶段[2]。要想获得技术创新的突破，首先要依靠来自创新方法的突破。

有关资料表明，自20世纪30年代奥斯本（Alex Faickney Osborn）创立第一种创新方法——智力激励法（也叫"头脑风暴法"）以来，全世界已涌现出有案可查的创新方法1000余种，其中常用的只有数十种[3]。将创新方法进行合理的分类，有助于人们更好地认识和掌握方法。然而，面对种类繁多的创新方法，要把它们逐一分类是一件比较困难的事情，因为多数创新方法都是研究者根据自己的实践经验和研究方法总结出来的，各种方法之间不存在科学的逻辑关系，没有一个公认的标准，难以形成统一的、科学的体系，各种方法之间存在彼此重复、界限模糊的情况[4]。

通常，创新方法有以下几种分类方法[5-7]。

1. 按照思维的主要形式划分

按照思维的主要形式，可将创新方法分为两类：①以逻辑思维形式为主的方法，如演绎法、归纳法、类比法；②以非逻辑思维为主的方法，如智力激励法、联想法、形象思维法、缺点列举法等。

由于在运用创新方法解决发明问题的过程中，创新者的思维形式往往是通过逻辑思维和非逻辑思维组合、互补的形式发挥作用的，因此必须强调：只能按某种方法的主要思维形式分类，而不是把它们绝对化，否则分类工作将难以开展。

2. 按照方法本身的内在联系和层次的高低划分

按照方法本身的内在联系和层次高低，可以将创新方法分为联想型方法、类比型方法、组合型方法。

（1）联想型方法是以丰富的联想为主导的创新方法，其代表性的方法是奥斯本提出的智力激励法，在该方法中提出的"自由思考和禁止批判的原则"，是为创新主体抛弃束缚的关键措施，为创新者开放思维空间、展开大胆联想和群体协同创造了条件。联想型方法是创新方法的初级层次。

（2）类比型方法较联想型方法层次更高，是以大量联想为基础，以不同事物间的相同或相似点为切入口，充分运用想象思维，把已知事物和创新对象联系起来进行技术创新，其代表性的方法是综摄类比法，这一方法的中心部分是拟人类比、直接类比、象征类比、幻想类比等思维技巧问题。

（3）组合型方法是把表面上看似不相关的多个事物有机地组合在一起，产生奇妙、新颖的创造结果。与类比法相比，组合型方法不是仅仅停留在对象的相似点上，而是把它们组合起来，产生意想不到的效果，因此，组合型方法比类比型方法层次更高，其具有代表性的方法是异类组合法，即将不同的事物在功能上或在形式上进行组合，创造出新形象。

3.2 逻辑推理型技法

▷▷ 3.2.1 移植法

移植法是将某个学科、领域中的原理、技术和方法等，应用或渗透到其他学科、领域中，为解决某一问题提供启迪和帮助的创新思维方法。移植法的原理是各种理论和技术相互之间的转移，一般是把已成熟的成果转移到新的领域，用来解决新问题，因此，它是现有成果在新情境下的延伸、拓展和再创造。移植法的基本构成如图3-1所示。

图 3-1 移植法的构成

（1）原理移植，即把某一学科中的科学原理应用于解决其他学科中的问题。例如，电子语音合成技术最初用在贺年卡上，后来就把它用到了倒车提示器上，又有人把它用到了玩具上，出现会哭、会笑、会说话、会唱歌、会奏乐的玩具。它当然还可以用在其他方面[8]。

（2）技术移植，即把某一领域中的技术运用于解决其他领域中的问题。例如，生物中的一些结构被人们移植到工程领域中，产生出许多发明创造。一位法国园艺师家中经常有人来参观花园，导致他家的花坛常被踩坏，他希望能将花坛修建得更坚固。他发现花盆里的花死后，从花盆里倒出的土很结实，不容易碎。观察发现，是由于植物根须的作用。他模仿这种结构，用铁丝做骨架，用水泥砌花坛，效果非常好。这位对建筑技术一窍不通的法国园艺师发明了钢筋混凝土。

（3）方法移植，即把某一学科、领域中的方法应用于解决其他学科、领域中的问题。例如，中国香港中旅（集团）有限公司时任总经理马志民赴欧洲考察，参观了融入荷兰全国景点的"小人国"，回来后就把荷兰的"小人国"的微缩处理方法移植到深圳，融华夏的自然风光、人文景观于一炉，集千种风物、万般锦绣于一园，建成了具有中国特色和现代意味的崭新名胜"锦绣中华"，开业以来游人如织，十分红火。

（4）结构移植，即将某种事物的结构形式或结构特征，部分地或整体地运用于另外的某种产品的设计与制造中。例如，缝衣服的线移植到手术中，出现了专用的手术线；用在衣服鞋帽上的拉链移植到手术中，完全取代用线缝合的传统技术，"手术拉链"比针线缝合快 10 倍，且不需要拆线，大大减轻了病人的痛苦[8]。

（5）功能移植，即通过使某一事物的某种功能也为另一事物所具有而解决某个问题。比如，超导技术具有能提高强磁场、大电流、无热耗的独特功能，可以移植到许多领域：移植到计算机领域，可以研制成无功耗的超导计算机；移植到交通领域，可以研制磁悬浮列车；移植到航海领域，可以制成超导轮船；移植到医疗领域，可以制成核磁共振扫描仪等。

（6）材料移植，即将材料转用到新的载体上，以产生新的成果。例如，用纸造房屋，经济耐用；用塑料和玻璃纤维取代钢来制造坦克的外壳，不但减轻了坦克的重量，而且具有避开雷达的隐形功能[8]。

▷▷ 3.2.2　类比法

类比是指不同事物或现象在一定关系上的部分相同或相似，通过对两个对象之间某些方面的相同或相似之点进行比较分析，从而推出这两个对象在其他方面的相同或相似的方法。

（1）拟人类比。进行创造活动时，人们常常将创造的对象加以"拟人化"。挖掘机可以模拟人体手臂的动作来进行设计。它的主臂如同人的上下臂，可以左右上下弯曲，挖掘斗似人的手掌，可以插入土中，将土挖起。在机械设计中，采用这种"拟人化"的设计，可以从人体某一部分的动作中得到启发，常常收到意想不到的效果。现在，这种拟人类比方法还被大量应用在科学管理中。

（2）直接类比，即从自然界或已有的成果中找寻与创造对象相类似的东西。例如，设计一种水上汽艇的控制系统，人们可以将它同汽车相类比。汽车上的操纵机构和车灯、喇叭、制动机构等都可以经过适当改装，运用到汽艇上去，这样比凭空想象设计一种东西更容易获得成功。再如运用仿生学设计飞机、潜艇等，也都是一种直接类比的方法。又如，类比裙子的造型设计出可口可乐的玻璃瓶，类比树木的外形设计出电视信号塔（见图3-2）等。

（3）象征类比。所谓象征，是一种用具体事物来表示某种抽象概念或思想感情的表现手法。在创造性活动中，人们有时也可以赋予创造对象一定的象征性，使它们具有独特的风格，这叫象征类比。象征类比较多地应用于是建筑设计中。例如，设计纪念碑、纪念馆需要赋予它们"宏伟""庄严""典雅"的象征格调。相反，设计咖啡馆、茶楼、音乐厅，就需要赋予它们"艺术""优雅"的象征格调。历史上许多名垂千秋的建筑，就在于它们的格调迥异，具有各自的象征。

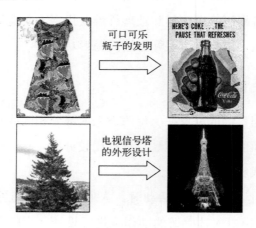

图3-2　运用直接类比法进行的创新设计

（4）幻想类比。幻想类比也称空想类比或狂想类比，它是变已知为未知的主要机制，但无明确定义。美国麻省理工学院的威廉·戈顿教授认为，为了摆脱自我和超自我的束缚，发掘潜意识的本我的优势，最好的办法是"有意识的自我欺骗"，而幻想类比就能发挥"有意识的自我欺骗"作用。简言之，就是利用幻想来启迪思路，古代神话、童话、故事中的许多幻想，在技术逐步发展之后很多已变为现实。

▷▷ 3.2.3 KJ 法

KJ 法又称 A 型图解法、亲和图法（Affinity Diagram）。KJ 法是将未知的问题、未曾接触过领域的问题的相关事实、意见或设想之类的语言文字资料收集起来，并利用其内在的相互关系做成归类合并图，以便从复杂的现象中整理出思路，抓住实质，找出解决问题的途径的一种方法。KJ 法的实质是在智力激励法的基础上，通过信息收集、整理、评价加以完善。

KJ 法所用的工具是 A 型图解。而 A 型图解就是把收集到的某一特定主题的大量事实、意见或构思语言资料，根据它们相互间的关系进行分类综合的一种方法。把人们的不同意见、想法和经验，不加取舍与选择地统统收集起来，并利用这些资料间的相互关系予以归类整理，有利于打破现状，进行创造性思维，从而采取协同行动，求得问题的解决。KJ 法常用于认识事实、形成构思、打破现状、彻底更新、筹划组织工作、彻底贯彻方针等方面[9-10]。

如图 3-3 所示为应用 KJ 法进行服装产品滞销原因分析。

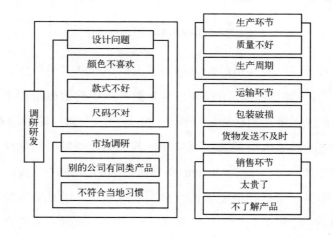

图 3-3　应用 KJ 法进行服装产品滞销原因分析

▷▷ **3.2.4 自然现象和科学效应探索法**

大自然为人类提供了无穷的智慧和宝藏，通过创造者自身感官或借助于科学仪器对大自然进行认真考察，为创造新事物开创思路。

人们在长期的科学研究中，发现了许多自然想象中深层次的奥秘，总结出了上万条科学原理，在当今科技大发展、知识大爆炸的年代，产品创新需要更多跨学科的知识和更完善的创新理论支撑。科学效应是由于某种原因产生的一种特定的科学现象，包括物理效应、化学效应、生物效应和几何效应等，它们由各种科学原理组成，是构成各种领域知识的基本科学知识，科学效应在创新中起着重要作用，每一个效应都可能形成创新问题的解决方案，可能产生新颖的创新方案。如图3-4所示为某种新型润滑剂的发明过程。

香蕉皮的层状结构　　　　二硫化钼　　　　新型润滑剂

图3-4　某种新型润滑剂的发明

到目前为止，研究人员已经总结出了大概10000多个效应，但常用的只有1400多个。研究表明，工程师自身掌握并应用的效应是相当有限的，一位普通的工程师所能知道的效应一般有20多个，专家可能熟悉有100~200个。要让普通的技术人员都来认识和掌握各个工程领域的科学原理和效应是极其困难的事情。阿奇舒勒（Genrich S.Altshuler）通过"从技术目标到实现方法"的转换，根据功能要求重新组织效应知识，组成效应知识库，它是TRIZ理论提供的重要工具之一，它将各个领域的效应知识集合起来，并包括效应应用的工程实例，用以指导创新者有效地应用效应，进行各种创新活动。目前计算机辅助创新设计的工具已经把效应知识库作为主要功能模块之一。

3.3　联想型创新技法

▷▷ 3.3.1　智力激励法

智力激励法，也称头脑风暴法，《韦氏国际英语词典》将其定义为：一组人员通过开会方式就某一些问题出谋划策，群策群力，解决问题，如图 3-5 所示。它是 1939 年美国纽约 BBDO 广告公司前副经理奥斯本创立的，起初用于广告的创新构思方面，1953 年汇编成书，是世界上最早传播的一种创新方法，其特点是以丰富的联想为主导，从心理上激励群体创新活动。

图 3-5　头脑风暴

奥斯本在提出此方法时，借用了一个精神病学术语"Brain Storming"（头脑风暴）作为该方法的名称。"头脑风暴"是指精神病人在失控状态下的胡思乱想，奥斯本借此描绘创造性思维自由奔放、打破常规、无拘无束，创造设想如狂风暴雨般倾盆而下。

奥斯本在研究人的创造力时发现：正常人都有创新能力，并可以通过群体相互激励的方式来实现，因此创新方法学的群体原理是该创新方法的理论基础。科学测试证实，在群体联想时，成年人的自由联想可以提高 50%或更多。外国人对此智力激励法提出的 4356 个设想进行分析，结果表明：其中 1400 条设想是在别人的启发下获得的。

实施智力激励法的精华和核心在于它的四项原则，这四项原则具体如下：

（1）自由思考，即要求与会者尽可能解放思想，无拘无束地思考问题并畅所欲言，不必顾虑自己的想法或说法是否"离经叛道"或"荒唐可笑"。

（2）延迟评判，即要求与会者在会上不对他人的设想品头论足，不发表"这主意好极了！""这种想法太离谱了！"之类的"捧杀句"或"扼杀句"。至于对设想的评判，留在会后组织专人考虑。

（3）以量求质，即鼓励与会者尽可能多而广地提出设想，以大量的设想来保证质量较高的设想的存在。

（4）结合改善，即鼓励与会者积极进行智力互补，在增加自己提出的设想的同时，注意思考如何把两个或更多的设想结合成另一个更完善的设想。

▷▷ 3.3.2 联想法

所谓联想法，就是在创造过程中，对不同事物运用其概念、方法、模式、形象、机理等的相似性来激活想象机制，从而产生新颖独特设想的一种创新方法。一般来说，联想法主要包括接近联想法、相似联想法、对比联想法、自由联想法以及定向联想法等。

一般说来，人们在长期的科学研究和生产实践中获得的知识、经验和方法都存储在大脑的巨大记忆库里，虽然记忆会经时光消磨，逐渐远离记忆系统而进入记忆库底层，日渐淡薄、模糊甚至散失，但通过外界刺激——联想可以唤醒沉睡在记忆库底层的记忆，从而把当前的事物与过去的事物有机地联系起来，产生新设想和方案。事实上，底层的记忆在很大程度上已转化为人的潜意识，所以通过联想使潜意识发挥作用，对人们开展创新活动有很大帮助。联想是发明创造活动中的一种心理中介，它具有由此及彼、触类旁通的特性，常常会将人们的思维引向深化，导致创造性想象的形成以及直觉和顿悟的发生。

由于事物之间的关系错综复杂，联想的类型也必然是多种多样的，可以是概念和概念之间的联想，也可以是形象和形象之间的联想；可以是像桌子和椅子这样两个客观存在的物体之间的联想，也可以是牛郎和织女这样两个传说中的、虚构的人物的联想。此外，联想还可以在已有的和未知的、真实的和虚假的事物之间进行。

▷▷ 3.3.3　逆向构思法

逆向构思法又称反面求索法。逆向思维和正向思维是两种相反的思考方法。正向思维是按既定的目标，一步一步向前推进的思维形式；逆向思维针对既定的结论进行反向思考，提出相反的结论。逆向构思也是 TRIZ 理论中40 个发明原理之一。

逆向思维的创造性主要通过"逆向思考""相反相成"和"相辅相成"三个方面体现出来。所谓"逆向思考"，是指人们有意识、有计划地按照事物的对立面发现新概念、产生新创意。法国微生物学家巴斯德（Louis Pasteur）发明了高温灭菌法，为酿造业和医学做出了重要贡献；英国科学家约瑟夫·约翰·汤姆逊（Joseph John Thomson）以相反的条件去思考，创造了低温消毒法，达到了同样的目的。所谓"相反相成"，是指人们将两个或多个对立面联系在一起时，能够发现它们之间有时不仅不起破坏作用，反而起促进作用，在它们相互补充和相互融合的作用下，可以发现事物新的功能和作用。所谓"相辅相成"，是指将对立面置于一个统一体系下，保持着相互间一种必要的引力、融合，而且能够适时地发挥作用，使事物同时具有两种对立的性质，能在两种对立的条件和状态下相继发挥作用。按这种思路进行科学研究、技术发明和系统管理，能创造出新的、科学的理论体系、可持续发展概念、技术方法和设计方案。例如，将两种膨胀系数不同的金属片压合在一起，可用于测量温度和制造温敏开关。

创新的实践表明，人们可以用具有挑战性、批判性和新奇性的逆向思维去开拓思路、启发思考，因为这种从事物对立的、颠倒的、相反的角度去考虑问题的方式，往往能帮助人们有效地破除思维定式，克服经验思维、习惯思维或僵化思维所造成的认知障碍，为发明创造开路。

3.4 列举型创新技法

▷▷ 3.4.1 缺点列举法

缺点列举法是让人们用挑剔的眼光，有意识地列举、分析现有事物的缺点，然后，提出克服缺点的方向和改进设想的一种创新方法。由于它的针对性强，常常可以取得较好的效果，因此被广泛应用。

缺点列举法之所以对创新活动具有积极作用，主要因为它有助于直接选题，帮助创新者获得新的目标。创新的第一步就是要提出问题，许多有志于创新的人，虽有强烈的愿望，却无法获得目标，面临错综复杂的研究对象不知从何下手。对现有的事物的缺点进行列举，在平常认为没有问题的地方发现问题，在平常看不到缺点的时候找到缺点，利用事物存在缺点和人们期望尽善尽美间的矛盾，形成创新者的创新动力和目标。

长柄弯把雨伞设计（见图3-6）中的缺点列举：

（1）伞太长，不便于携带。

（2）弯把手太大，会钩住别人的口袋。

（3）打开和收拢不方便。

（4）伞尖容易伤人。

（5）太重，长时间打伞手会疼。

（6）伞面遮挡视线，容易发生事故。

（7）伞湿后，不易放置。

（8）抗风能力差。

（9）骑自行车时打伞容易出事故。

（10）伞布上的雨水难以排除。

（11）长时间打伞走路太无聊。

（12）两个人使用时挡不住雨。

（13）手中东西多时，无法打伞，无法收拢。

（14）夏天太阳下打伞太热。

图 3-6　长柄弯把雨伞设计

▷▷ 3.4.2　希望点列举法

希望点列举法是从人们的理想和需要出发，通过列举希望来形成创新目标和新的创意，进而产生出趋于理想化的创新产品。与缺点列举法不同，希望点列举法是从正面的、积极的因素出发考虑问题，凭借丰富的想象力、美好的理想大胆地提出希望点。实际上，许多产品正是根据人们的希望而研制出来的。例如，人们希望使用洗衣机时更省心、更健康，于是就有人发明了全自动智能洗衣机；人们希望走路时能听音乐，于是就有了"随身听"；人们希望上楼不用爬楼梯，于是就发明了电梯；人们希望像鸟一样在天空翱翔，于是发明了飞机；人们希望像鱼一样在水中遨游，于是发明了潜水艇；人们希望冬暖夏凉，于是发明了空调等。古今中外的许多发明创造，都是按照人们的希望而产生的科学结晶。

在电话刚面市时，美国创造学家罗素·艾可夫（Russell L.Ackoff）对理想的电话罗列了下列希望点：①只要想用电话，就能在任何场合使用它（手机）；②知道电话是从何处打来的，可以不去接那些不想接的电话（来电号码自动显示）；③如果拨电话给某人，遇到占线，待对方通话完毕后即可自动接上；④当无暇接电话时，可以告示对方在电话里留言（录音或发短信）；⑤能够三个人同时通话（会议电话）；⑥可以选择使用声音和画面（可视电话，如图 3-7 所示）。事实上，我们现今所用的电话，正是当年艾可夫所希望的电话。

图 3-7　现代的可视电话

希望点列举法主要运用理想化的原理，采用发散思维和收敛思维的方法，促使人们全面感知事物，对希望点加以合理的分类、归纳，在重视消费者内在希望的同时，对现实希望、长远希望、一般希望和特殊希望区别对待，审时度势，做出科学的决策。功能颇多、能伸到几米外的假肢，并不一定能得到残障人士的青睐，因为残障人士内心只是希望能够像正常人一样走路。但希望点列举法不宜用于较复杂的项目，也不能达到最终解决问题的目的，应与其他方法结合起来加以应用。

▷▷ 3.4.3 特征点列举法

特征点列举法是美国内布拉斯加卫理公会大学新闻学家克劳福德（R.P.Crawford）发明的创新方法，即以任何事物都具有一定的特征为基础，通过对发明对象的特性进行详细分析和逐一列举，激发创造性思维，从而产生创造性设想，使每类特性中的具体性能得以改进或扩展。所以，该法也称作分析创新方法。

特征点列举法的应用程序如下：

（1）将对象的特征或属性全部罗列出来，犹如把一架机器拆分成许多零件，将每个零件具有何种功能和特性、与整体的关系如何等全面地列举出来，并做详细记录。

（2）分门别类，加以整理，主要从以下几个方面考虑：①名词特性（性质、材料、整体和部分制造方法等）；②形容词特性（颜色、形状和感觉等）；③动词特性（有关机能及作用的特性，特别是那些使事物具有存在意义的功能）。

（3）在各项目下设想从材料、结构、功能等方面加以改进，试用可替代的各种属性加以配置，引出具有独创性的方案。进行这一程序的关键是要尽可能详尽地分析每一特性，提出问题，找出缺陷。

（4）方案提出后还要进行评价和讨论，使产品更能满足人们的需求。

譬如，要改良一只烧水用的水壶，使用特征点列举法可先把水壶的构造及其性能按照要求予以列出，然后注意检查每一项特征可以加以改进之处，问题便迎刃而解。

● 名词特性

整体：水壶。

部分：壶嘴、壶把手、壶盖子、壶身、壶底。

材料：铝、不锈钢、搪瓷、铜等。

制作方法：冲压、拉伸、焊接、铸造等。

通过以上特征分析便可提醒人们有许多可着手改进之处，例如，壶嘴会不会太长，壶的把手可不可以改用塑料，壶盖可否采用冲压的方法以避免焊接加工的麻烦等。

● 形容词特性

水壶的颜色有黄色、银白色等；重量有轻、重之分；形状有方、圆和椭圆；图案更有多种。水壶的高低、大小均有不同。

由此也可以发现许多可改良之处，就造型、图案而言，人们的眼光各不相同，可以用仿生学原理制作各种果实形状和动物形状的壶，也可以从节能、美观等方面考虑，设计出有现代感的水壶。

● 动词特性

功能方面的特性，如冲水、盛水、加热、保温等，从中可以发现许多可改良之处，例如，可将水壶改为双层并采用保温材料，或给壶嘴或壶盖加上鸣笛装置，当水开时可以发出鸣叫，电热壶在水烧开后自动断电等。人们非常重视产品的实用性，如果能在功能上多想些点子，肯定有助于提高产品的市场份额。

3.5 形象思维型技法

▷▷ 3.5.1 形象思维法

形象思维法是指将思维可视化，即将思维画成图形。有人说，21世纪是人们读图的时代，即在思考问题时，必须充分利用图形。大家都有这样的体会，当我们演算一个较复杂的数学或物理习题时，如果能画出一个示意图，根据图形找到事物间的关系，也就便于问题的解决。在创新设计过程中，若能借助于图形、符号、模型、实物等形象进行思考，对于提高创造性思考效率大有好处。

在用形象思维法进行创造性思考的过程中，要注意两点：①借助参考形象，②创造新形象。参考形象就是思考时把被参考的东西形象化；创造新形象就是把创新的各种方案形象化。例如，要发明一种水陆两用汽车，首先必须参考已有的陆用汽车、船舶、潜艇、已有的水陆两用汽车或某些水生动物的形象，然后充分想象各种水陆两用汽车的方案，并及时将它们形象化地描绘成各种图形、符号、模型等，以便进一步创造新形象，如图 3-8 所示。

参考形象

新形象

图 3-8 水陆两用汽车设计

形象思维，特别是想象，是创造性思考非常重要的手段和必不可少的过程，想象能力是创新者必备的重要能力。

▷▷ 3.5.2 灵感启示法

所谓灵感启示法，是指人们依靠灵感的启示作用，对那些在创新过程中百思不得其解的关键问题，在时间上、空间上、方法上、认识上得到突破并获得解决，是人们对事物本质特性的突然领悟和对事物发展规律的飞跃认识。

灵感这个词对人们并不陌生，它是人脑过量思考、超常思索后的一种心理反应，是人的一种思维状态。只有当人们长期探求和过量思考某一问题时，才为灵感的产生创造了必要条件。

灵感是以人们丰富的想象和大胆地猜测为基础的。人们在长期的探求和艰苦思索中，运用想象和猜测这种思维武器，在全方位和多层次上寻求解决问题的突破口。灵感又是以人们所接触到的偶然思维为出发点的。人们在长期的探求和思索中，总会找到一些片段的、暂时的、个别的练习，这些看起来不太引人注目的练习，一旦受到某种启迪，便会产生神奇的催化作用和黏合作用，就能有机地串接在一起，架起思维的桥梁。如图 3-9 所示，凯库勒长期思考苯的分子结构，有一天他在睡梦中看到碳链似乎"活"了起来，变成了一条蛇咬住了自己的尾巴，形成了一个环，凯库勒猛然惊醒，明白了苯分子是一个六角形环状结构。

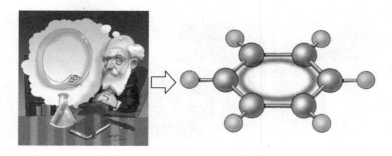

图 3-9   凯库勒与苯环结构的发现

▷▷ 3.5.3   大胆设想法

所谓大胆设想法，就是彻底冲破现有事物的约束，对现在尚没有，但有可能产生的事物进行大胆设想的方法，其目的是最终产生理想的概念和创新方案。人们应该从技术进化的方向去设想，并运用发明原理、知识效应库、标准解等多种工具去大胆设想。如图 3-10 所示，将一些超现实主义的设计元素融入汽车、飞船及建筑的概念设计当中，可以对未来的发展提供参考及方向指导。

图 3-10 现代的一些大胆设想的概念设计

以下列举一些常用的大胆设想做法：

（1）摆脱现有技术和事物的约束，深入研究技术的发展规律，不能认为现有的技术和事物已能满足人们的需求；更不能认为现有的技术和事物经过多年的发展已完整无缺到了顶峰，再也无法提高和突破；也不要迷信权威和经典。人的需求是永无止境的，这是人的本能，当一种需求得到满足时，又会生发出更高级的需求。

（2）必须有大胆怀疑的精神，对现有的事物、技术、经典理论、权威都可以怀疑，同时要进行认真分析，如它们是什么时候、什么情况下、为什么需求而产生的？它们应用的是什么原理？使用价值如何？要怀疑它们有问题，有不能满足需求的地方，有不理想的地方，甚至怀疑它们有根本性的、原则性的错误，考虑能否将它们取消或用别的东西代替，至少要考虑它们能否改进。

（3）对已经熟悉的事物、产品、技术有意识地以陌生的姿态对待，做法是对某一老事物、老产品或老技术的结构、方法或原理有意识地避而不管，而当作一件被重新设计的新事物，根据其应有的功能，应用自己所具有的知识经验和创新方法，结合最新出现的技术重新进行创新思考。经认真思考创造出来的该类事物，一般都会与原来的事物有一定的区别或根本性的区别，有区别的地方往往是应改进或创新的部分。

（4）要海阔天空地想。人的思维活动有无限广阔的天地，犹如万马奔腾，凡是能想到的领域或方面都可以去想。哪怕是看起来很荒唐的想法，例如，可以设想不用洗的衣服，找一个机器人来做朋友等。

（5）要别出心裁。当人们的基本需求得到充分满足后，他们的需求将由对功能的需求转向心理需求，例如，现在人们穿衣服已不再只是为了防寒、防晒和遮体，而主要是出自美的心理需求，更喜欢追求时尚。成功的别出心裁往往能有效地激发人们的需求。

（6）大胆设想。创意的威力之所以强大，就在于它能促使人们对未来进行创造性思考。例如，当人们提出将现代电子技术如何应用到手表上的时候，就出现了电子表；随着汽车的不断增多，当撞车事故频发时，人们就产生了汽车防撞装置和自动驾驶的创意。因此，大胆创意是激发人们从事创新的源头。托夫勒（Alvin Toffler）构思的人类"第四次产业革命"或"第三次浪潮"创意，不但激荡了整个美国社会，而且引起了全世界的重视和反响，我国也在积极探索对策。

3.6 组合型技法

▷▷ 3.6.1 组合法

组合法是指组合或者合并空间上、时间上同类或相邻的物体或操作的创新方法。当今技术的飞速发展，起主导作用的已不是单一的技术，而是由信息技术、生物技术、新材料技术、先进制造技术、海洋技术、空间技术、环境技术等通过相互联系、渗透、集成和重组而形成的技术群，这种技术群在发展过程中，又会出现相互交叉、融合的技术领域，并产生一批新的学科和技术[11]。由此，把握技术交叉组合的趋势，探索跨学科、跨领域的研究开发机制，大力推进组合创新，是企业、地区乃至整个国家创新制胜的基石。组合法也是 TRIZ 理论中 40 个发明原理之一。组合法常用的有主体附加法、异类组合法、同物自组法和重组组合法等方法。

组合法原理体现在以下两个方面：

（1）合并空间上的同类或相邻的物体或操作，如个人计算机、并行处理计算机中的多个微处理器、集多种工具于一体的瑞士军刀（见图 3-11）、合并两部电梯来提升一个宽大的物件等。

图 3-11   多核处理器与瑞士军刀

（2）组合时间上的同类或相邻的物体或操作，如冷热水混水器。

▷▷ 3.6.2   分解法

分解法的原意是将一个整体分解成若干部分或者分出某部分，它也是 TRIZ 理论中 40 个发明原理之一。创造学中的分解法是指将一个整体事物进行分解后，使分解出来的那部分经过改进完善，成为一个单独的整体，形成一个新产物或新事物。

分解的具体方法有两种：一种是"分解成若干部分"仍然是"一个整体"，但有了新的功能，这是一种分解而不分立的创新；另一种是从"一个整体"中分出某个组成部分或某几个组成部分，由此构成功能独立的新实体，这是一种既分解又分立的创新。

分解法绝不是把组合创造的成果再分离成组合前的状况，其首要环节是选择和确定分解的对象，通过分解创造，使事物的局部结构或局部功能产生相互独立的变化或脱离整体的变化。对于任何一个整体，只要能分解成异于原先的状态、异于原先的功能或者分解出新的事物，就具有进行分解创新的意义和价值。

分解创新不仅是创新的一种方法，也是认识事物的重要途径，可以使人们深入事物内部，进行系统的观察和周密的思考。通过对事物的分解，可以看到很多巧妙的结构形态，认识各层次的结构功能，学到许多结构设计的方法，从而受到创新启迪，使我们发现更多的创新对象，有助于更多的创新设想和成果的产生。

分解法和组合法虽然是不同的创新方法，但它们出自同一思路，均是以现有事物的功能为前提，以改变现有功能为目的，同时保留需要的原功能，增添新功能。

▷▷ 3.6.3　形态分析法

形态分析法是一种系统化构思和程式化解题的发明创新方法，也是常用的方法之一，广泛应用于自然科学、社会科学以及技术预测、方案决策等领域，由美国加利福尼亚理工学院教授 F. 兹维基（Fritz Zwicky）和美籍瑞士矿物学家 P. 里哥尼（P.Rigoni）合作创建。它是一种探求全方位的组合方法，其核心是把须解决的问题首先分解成若干个彼此独立的要素，然后用网络图解的方式进行排列组合，以产生解决问题的系统方案或设想。

在形态分析法中，因素和形态是两个非常重要的基本概念。所谓因素，是指构成某种实物各种功能的特性因子；所谓形态，是指实现实物各种功能的技术手段。以某种工业产品为例，反映该产品特定用途或特定功能的性能指标可作为其基本因素，而实现该产品特点用途或特定功能的技术手段可作为其基本形态。例如，若将某产品"时间控制"功能作为其基本因素，那么"手工控制""机械控制""计算机控制""智能控制"等技术手段，都可视为该基本因素所对应的基本形态。

从本质上看，形态分析法是先将研究对象视为一个系统，将其分成若干结构上或功能上专有的形态因素，即将系统分成人们借以解决问题和实现基本目的的因素，然后加以重新排列组合，借以产生新的观念和创意。如将物品从某一位置搬运到另一个位置，可以应用形态分析法进行分析，详见表3-1。

表3-1 形态分析法

形态	要　素		
	1. 装运形式	2. 输送方式	3. 动力来源
1	车辆式	水	蒸汽
2	输送带式	油	电动机
3	容器式	空气	压缩空气
4	吊包式	轨道	电磁力
5		滚轴	内燃机
6		滑面	原子能
7		管道	电瓶

对上述各形态进行排列组合，能得到 196(4×7×7=196)种方案可供选择。例如，采用容器装载、轨道运输、压缩空气做动力；采用吊包装载、滑面运输、电磁力做动力；采用容器装载、水做运输方式、内燃机做动力等。

形态分析法的突出特点体现在以下两个方面：

（1）所得总构思方案具有全方位的性质，即只要将研究对象的全部因素及各因素的所有可能形态都排列出来，组合的方案将包罗万象。

（2）所得总构思方案具有程式化的性质，并且这些构思方案的产生，主要依靠人们所进行的认真、细致、严密的分析工作，而不是依靠人们的直觉、灵感或想象所致。

由于形态分析法采用系统化构思和程式化解题，因而只要运用得当，此法可以产生大量设想，包括各种独创性、实用性、创新程度比较高的设想，可以使发明创造过程中的各种构思方案比较直观地显示出来。

▷▷ 3.6.4 横向思考法

人的思维方向或路线可以形象地分为纵向思维和横向思维两种。纵向思考可以看成是沿着单一、专业方向，往纵深方向探索。横向思考就是为了提高创新成功的机会，广泛地获取一切领域的信息和技术，全方位地进行思考和探索。例如，机械加工中的高能成型法就是以炸药、高压放电、高压气体等作为动力的高速高压成型方法，具有模具简单、设备少、工序少、光洁度高和精度高的特点，简单有效地解决了用普通冲压设备无法成形的复杂零件的加工问题。又如静电除尘器（见图 3-12），它是应用电学原理来有效地完成除尘的。

图 3-12 静电除尘器的应用

每当构思某一问题时，一般来说，首先是从自己熟悉的专业知识范围内进行思考，当达到一定的深度而仍然找不出解决方法时，就应及时停止这种纵向思考，转而进行横向思考。

尽管目前已经取得了众多创新成果，但很多创新实质上是横向领域技术在工程上的全新应用。如果在面对某一具体问题时能及时了解到不同学科领域解决此类问题的有效办法，尤其是在其他领域中所不熟悉的技术，将会有极大的启发。

在人类的发明创造史上，有不少重大创新是用其他领域的知识解决本专业领域的重大问题，也有不少重大发明根本就不是本专业人员做出来的，这些都验证了开展横向思考的重大意义。苏联发明家阿奇舒勒明确指出，解决发明问题所寻求的科学原理和法则是客观存在的，同样的技术创新原理和相应的解决方案，会在后来的一次次发明中被重复应用，只是被使用的技术领域不同而已。例如，在 TRIZ 理论中提出的第 28 个发明原理——替代机械系统原理，各行各业都应用了这一原理开发出无数的新产品，如以交流变频技术代替传统的变速器；以各种电、磁、光传感器代替机械测量；利用光、电控制替代机械控制开发出上万种光机电一体化产品等。

横向思考的具体方法很多，首先要养成遇到问题就能纵横交叉思考的习惯，其次是需要有一定的知识储备，知识面越广越好。运用计算机辅助创新技术学习和掌握效应知识库，是促使人们扩展知识范围的得力工具。

3.7　有序思维型创造技法

▷▷ 3.7.1　奥斯本检核表法

所谓检核表法，是根据研究对象的特点列出有关问题，形成检核表，然后一个一个地进行核对讨论，从而发掘出解决问题的大量设想。它引导人们根据检核项目的一条条思路来求解问题，以力求比较周密的思考。

奥斯本的检核表是针对某种特定要求制定的检核表，主要用于新产品的研制开发。奥斯本检核表法是指以该技法的发明者奥斯本命名、引导主体在创造过程中对照9个方面的问题（能否他用、能否借用、能否改变、能否扩大、能否缩小、能否代用、能否调整、能否颠倒、能否组合[12]）进行思考，以便启迪思路，开拓想象的空间，促使人们产生新设想、新方案的方法。

奥斯本检核表法是一种产生创意的方法。在众多的创造技法中，这种方法是一种效果比较理想的技法，由于它突出的效果，被誉为创造之母。人们运用这种方法，产生了很多杰出的创意以及大量的发明创造。表3-2所列为奥斯本检核表法在手电筒创新设计中的应用。

表 3-2　奥斯本检核表法在手电筒创新设计中的应用[13-14]

序号	检核项目	引出的发明
1	能否他用	其他用途：信号灯、装饰灯
2	能否借用	增加功能：加大反光罩，增加灯泡亮度
3	能否改变	改一改：改灯罩、改小电珠和用彩色电珠等
4	能否扩大	延长使用寿命：使用节电、降低电压
5	能否缩小	缩小体积：1 号电池→2 号电池→5 号电池→7 号电池→8 号电池→纽扣电池
6	能否替代	代用：用发光二极管代替小电珠
7	能否调整	换型号：两节电池直排、横排、改变样式
8	能否颠倒	反过来想：不用干电池的手电筒，用磁电机发电
9	能否组合	与其他的组合：带手电收音机、带手电的钟等

奥斯本检核表法有利于提高创新的成功率：检核表法的设计特点之一是多向思维，用多条提示引导你去发散思考。检核表法使人们突破了不愿提问或不善提问的心理障碍，在进行逐项检核时，强迫人们扩展思维，突破旧的

思维框架，开拓了创新的思路[14]。

利用奥斯本检核表法，可以产生大量的原始思路和原始创意，它对人们的发散思维有很大的启发作用。当然，运用此方法时，还要注意几个问题：① 它还要和具体的知识经验相结合。奥斯本只是提示了思考的一般角度和思路，思路的拓展还要依赖人们的具体思考。② 还要结合改进对象（方案或产品）来进行思考。③ 还可以自行设计大量的问题。提出的问题越新颖，得到的主意越有创意。

▷▷ 3.7.2　5W1H 法

5W1H 分析法也叫六何分析法，是一种思考方法，也可以说是一种创造技法，是对选定的项目、工序或操作，都要从原因（何因，Why）、对象（何事，What）、地点（何地，Where）、时间（何时，When）、人员（何人，Who）、方法（何法，How）六个方面提出问题进行思考。这种看似很可笑、很天真的问话和思考办法，可使思考的内容深化、科学化。具体如下：

（1）对象（What）：例如，公司生产什么产品？车间生产什么零配件？为什么要生产这个产品？能不能生产别的？我到底应该生产什么？例如，如果现在这个产品不挣钱，换个利润高点的好不好？

（2）场所（Where）：例如，生产在哪里进行？为什么偏偏要在这个地方进行？换个地方行不行？到底应该在什么地方进行？这是选择工作场所应该考虑的。

（3）时间和程序 （When）：例如，现在这道工序或零部件是在什么时候生产的？为什么要在这个时候生产？能不能在其他时候生产？把后道工序提到前面行不行？到底应该在什么时间生产？

（4）人员（Who）：例如，现在这个事情是谁在干？为什么要让他干？如果他既不负责任，脾气又很大，是不是可以换个人？有时候换一个人，整个生产就有起色了。

（5）为什么（Why）：例如，为什么采用这个技术参数？为什么不能有震动？为什么不能使用？为什么变成红色？为什么要做成这个形状？为什么采用机器代替人力？为什么非做不可？

（6）方式（How）：手段也就是工艺方法，例如，现在我们是怎样干的？为什么用这种方法来干？有没有别的方法？到底应该怎么干？有时候方法一改，全局就会改变。

▷▷ 3.7.3　和田十二法

和田十二法，又叫"和田创新法则"（和田创新十二法），即人们在观察、认识事物时，可以考虑是否可以：

（1）加一加：加高、加厚、加多、组合等。

（2）减一减：减轻、减少、省略等。

（3）扩一扩：放大、扩大、提高功效等。

（4）变一变：变形状、变颜色、变气味、变音响、变次序等。

（5）改一改：改缺点、改不便、改不足之处。

（6）缩一缩：压缩、缩小、微型化[15]。

（7）联一联：原因和结果有何联系，把某些东西联系起来。

（8）学一学：模仿形状、结构、方法，学习先进。

（9）代一代：用别的材料代替，用别的方法代替。

（10）搬一搬：移作他用。

（11）反一反：能否颠倒一下。

（12）定一定：定个界限、标准，能提高工作效率。

如果按这十二个"一"的顺序进行核对和思考，就能从中得到启发，诱发人们的创造性设想。所以，和田技法、检核表法都是打开人们创造思路，从而获得创造性设想的"思路提示法"。

和田十二法是我国学者许立言、张福奎在奥斯本检核表法的基础上，借用其基本原理，加以创造而提出的一种思维技法。它既是对奥斯本检核表法的一种继承，又是一种大胆的创新。比如，其中的"联一联""定一定"等，就是一种新发展。同时，这些技法更通俗易懂，简便易行，便于推广。

参 考 文 献

[1] 邹崇祖. 现代技术创新论[M]. 南京：东南大学出版社，2008.

[2] 廖元和. 现代技术开发与创新[M]. 北京：经济管理出版社，2008.

[3] 张武城. 技术创新方法概论[M]. 北京：科学出版社，2009.

[4] 胡飞雪. 创新思维训练与方法[M]. 北京：机械工业出版社，2009.

[5] 创新方法研究会. 中国 21 世纪议程管理中心，创新方法教程（初级）[M]. 北京：高等教育出版社，2012.

[6] 创新方法研究会. 中国 21 世纪议程管理中心，创新方法教程（中级）[M]. 北京：高等教育出版社，2012.

[7] 创新方法研究会. 中国 21 世纪议程管理中心，创新方法教程（高级）[M]. 北京：高等教育出版社，2012.

[8] 林彬锋，刘冬梅. 机械创新设计中的移植法应用[J]. 城市建设理论研究，2014 (9): 1-5.

[9] 刘鹏. 基于 Kano 模型的中高层管理者办公家具设计研究[D]. 长沙：中南林业科技大学，2013.

[10] 安微. 基于感性工学的产品实例表达方法研究[D]. 北京：北京服装学院，2008.

[11] 石阳. 以项目管理推进技术集成创新——沈阳华晨金杯汽车制造有限公司 M 项目案例研究[D]. 沈阳：东北大学，2005.

[12] 田青. 奥斯本检核表法对创造性思维产出影响的实验研究[D]. 苏州：苏州大学，2012.

[13] 赵强. 普通高中学生技术决策能力及其培养研究[D]. 南京：南京师范大学，2010.

[14] 田青. 奥斯本检核表法对创造性思维产出影响的实验研究[D]. 苏州：苏州大学，2012.

[15] 姜丽华. 论学生创新能力的培养[D]. 上海：华东师范大学，2007.

4

4

流程化创新方法

4.1　流程化创新过程

通常认为，创新是一种非逻辑思维、灵感思维，难以用系统和流程化的方法来实现创新。其实创新的流程也是可以相对固定下来的，有了流程后不仅不会僵化，而且可以实现流程化的思维，搜索式地找到各种可能的创新方案。当今世界，要成为世界级的创新型企业，必须拥有系统化和流程化的创新流程，具备创新型的企业行为准则[1-2]。

流程化创新具有以下作用：

● 包含企业长期最好的创新实践经验。

● 共享企业资源。

● 推行共同的语言，流程一致便于交流，加大各部门之间的紧密协同。

● 统一管理创新流程项目。

流程化创新过程由图 4-1 所示的八个步骤组成：

（1）创新战略：创新事业的战略导向——明确企业创新发展战略；创新结构的战略导向——明确创新组织的职能；创新内容的战略导向——集约的创新探索演进。

（2）细分市场：锁定目标，细分市场。通过对客户需求差异予以定位，进行价值识别与创造，以取得较大的经济效益。

（3）了解客户：在创新过程中，只有准确地了解客户对产品、服务、价格等方面的需求，才能有针对性地提出合理的创新方案。

（4）确定机会：识别产品创新机会，确认可行性、潜在市场需求和各种技术指标等。

（5）生成创意：产生各种满足客户需求的创意。

（6）评估创意：从生成的创意中发掘有价值并行之有效的创意。

（7）实施创新：将创新转化为产品，满足客户需求。

（8）杠杆作用：建立创新文化，促进持续创新。

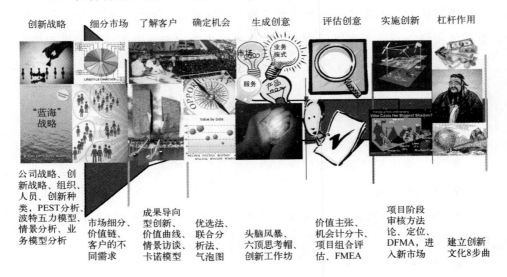

创新战略	细分市场	了解客户	确定机会	生成创意	评估创意	实施创新	杠杆作用
公司战略、创新战略、组织、人员、创新种类，PEST分析、波特五力模型、情景分析、业务模型分析	市场细分、价值链、客户的不同需求	成果导向型创新、价值曲线、情景访谈、卡诺模型	优选法、联合分析法、气泡图	头脑风暴、六顶思考帽、创新工作坊	价值主张、机会计分卡、项目组合评估、FMEA	项目阶段审核方法论、定位、DFMA，进入新市场	建立创新文化8步曲

图 4-1　流程化创新方法论

4.2　创新战略

战略本是一个军事术语，意指军事将领指挥军队作战的谋略。后来，这个词被引申至政治和经济领域，其含义演变为统领性的、全局性的、左右胜败的谋略、方案和对策。战略不是办公室里的高谈阔论，而是要基于现实环境，根据自己的优势和劣势以及同行的策略，制订出一整套可执行的方案，并把这个方案变成现实。创新战略是企业战略的关键组成部分，应该与企业战略总体保持一致。创新战略还应该服务于企业总体战略，同时创新战略对企业总体战略有能动作用。

▷▷ 4.2.1 战略三要素

一个战略就是设计用来开发核心竞争力、获取竞争优势的一系列综合的、协调的约定和行动。如果选择了一种战略，公司即在不同的竞争方式中做出了选择。从这个意义上来说，战略选择表明了企业打算做什么以及不做什么[3]。

有效的战略包含三个关键要素：企业目标、企业范围和企业优势。

确定企业目标——企业战略界定了企业的经营方向、远景目标，明确了企业的经营方针和行动指南，并筹划了实现目标的发展轨迹及指导性的措施、对策，在企业经营管理活动中起着导向作用。

确定企业范围——企业的范围包括三个方面：客户或产品、地理位置以及纵向整合。这三个方面的界限明确界定后，管理者应该十分清楚应该重点关注哪些运营活动，而且更为重要的是，不应涉足哪些运营活动。

确定企业优势——竞争优势是企业的战略之本：企业将如何做到与众不同或比他人做得更好，决定了企业实现既定目标所要采取的首要手段。企业需要进行内外环境分析，明确自身的资源优势和核心能力等，通过设计适宜的经营模式，形成特色经营，增强企业的对抗性和战斗力，推动企业长远、健康发展[4-5]。

▷▷ 4.2.2 创新战略分析方法

4.2.2.1 PEST 方法

PEST 分析方法是指对宏观环境的一种分析方法，其中，P 指代政治（Politics），E 指代经济（Economy），S 指代社会（Society），T 指代技术（Technology），如图 4-2 所示。在考量企业所处的外部环境时，通常通过这四个因素来进行分析。

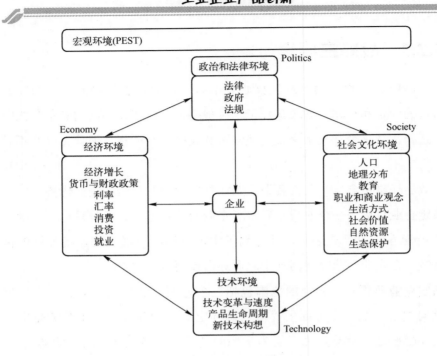

图 4-2 PEST 分析方法

4.2.2.2 波特五力模型

使用波特五力模型,可以有效地分析客户的竞争环境。这五种力量(见图 4-3)分别是供应商的议价能力、购买者的议价能力、潜在进入者的威胁、替代品的威胁[6]以及同一行业企业间的竞争。波特五力模型将大量不同的因素汇集在一个简便的模型中,以此分析一个行业的基本竞争态势。一种可行战略的提出首先应该包括确认并评价这五种力量,不同力量的特性和重要性因行业和企业的不同而有所变化。

1. 供应商的议价能力

供应商主要依靠其提高投入要素价格与降低单位价值质量的能力,来影响行业中现有企业的盈利能力与产品竞争力。供应商力量的强弱主要取决于他们所提供给买主的是什么投入要素,当供方所提供的投入要素,其价值占了买主产品总成本的较大比例、对买主产品生产过程非常重要或者严重影响买主产品的质量时,供应商对于买主的潜在议价能力就大大增强。

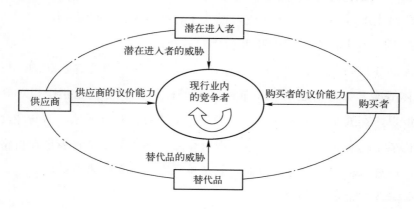

图 4-3 波特五力模型

2. 购买者的议价能力

购买者主要依靠其压价与要求提供较高质量的产品或服务的能力,来影响行业中现有企业的盈利能力。

3. 潜在进入者的威胁

新进入者在给行业带来新生产能力、新资源的同时,希望在已被现有企业瓜分完毕的市场中赢得一席之地,这就有可能会与现有企业发生原材料与市场份额的竞争,最终导致行业中现有企业盈利水平降低,严重的话还有可能危及这些企业的生存。竞争性进入威胁的严重程度取决于两方面的因素,即进入新领域的障碍大小与预期现有企业对于进入者的反应情况。

4. 替代品的威胁

两个处于同行业或不同行业中的企业,可能会由于所生产的产品互为替代品,从而在它们之间产生相互竞争行为,这种源自于替代品的竞争会以各种形式影响行业中现有企业的竞争战略:①现有企业产品售价以及获利潜力的提高,将由于存在能被用户方便接受的替代品而受到限制;②替代品生产者的侵入使得现有企业必须提高产品质量，或者通过降低成本来降低售价，或者使其产品具有特色，否则其销量与利润增长的目标就有可能受挫；③源自替代品生产者的竞争强度，受产品买主转换成本高低的影响。

5. 同一行业内企业间的竞争

大部分行业中的企业，相互之间的利益都是紧密联系在一起的，作为企业整体战略一部分的企业竞争战略，其目标都在于使企业获得相对竞争优势，所以，在战略实施过程中就必然会产生冲突与对抗现象，这些冲突与对抗就构成了现有企业之间的竞争。现有企业之间的竞争常常表现在价格、广告、产品介绍、售后服务等方面，其竞争强度与许多因素有关。

4.2.2.3 "蓝海"战略

"蓝海"战略，就是企业突破"红海"的残酷竞争，不把主要精力放在打败竞争对手上，而主要放在全力为买方与企业自身创造价值飞跃上，由此开创新的"无人竞争"的市场空间，彻底摆脱竞争，开创属于自己的一片"蓝海"。其核心观点就是谁能够率先发现市场空间，谁能够在产品与消费者之间创造一个彼此都满意的价值链，谁就能在市场竞争中占得先机。如图 4-4 所示，通过"红海"与"蓝海"的对比，可知通过实施"蓝海"战略可使企业获得巨大的成长空间[7]。

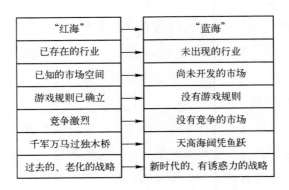

图 4-4 "蓝海"与"红海"的对比

"红海"是竞争极其激烈的市场，但"蓝海"也不是一个没有竞争的领域，而是一个通过差异化手段得到的崭新的市场领域。在这里，企业凭借其创新能力获得更快的增长和更高的利润。

"蓝海"战略要求企业突破传统的血腥竞争所形成的"红海"，拓展新的非竞争性的市场空间。与已有的、通常呈收缩趋势的竞争市场需求不同，"蓝海"战略考虑的是如何创造需求，突破竞争[8]。其目标是在当前的已知市场空间的"红海"竞争之外，构筑系统性的、可操作的"蓝海"战略，并加以执行。只有这样，企业才能以明智和负责的方式拓展"蓝海"领域，同时实现机会的最大化和风险的最小化。

构思"蓝海"的战略布局需要回答四个问题，可归结为四步动作框架，包括剔除、减少、增加和创造，如图 4-5 所示。

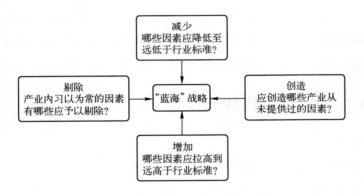

图 4-5　四步动作框架

4.3　市场细分

市场细分，就是企业通过市场调研，根据消费者对商品的不同欲望与需求、不同的购买行为与购买习惯，把消费者整体市场划分为具有相似性的若干群体——子市场，使企业可以从中认定其目标市场的过程和策略。企业进行市场细分的目的是通过对客户需求差异予以定位，创造竞争优势，以取得较大的经济效益。市场细分的作用是：有利于巩固现有的市场阵地；有利于企业发现新的市场机会，选择新的目标市场；有利于企业的产品适销对路；有利于企业制定适当的营销战略和策略[9]。

▷▷ 4.3.1　市场细分的意义

市场细分的意义如下：

（1）有利于企业分析、发掘新的市场机会，制定最佳营销策略。

（2）有利于中小企业开发市场，在大企业的夹缝中求生存。

（3）有利于选择目标市场，制定和调整市场营销组合策略。

（4）有利于合理运用企业的资源，提高企业的竞争能力。

任何企业，即使大型企业的人力、物力、财力和技术资源终究是有限的，都不可能有效地满足所有消费者不同的需要。企业只有把有限的资源和精力集中在目标市场上，做到有的放矢，才能取得较好的经营效益。

▷▷ 4.3.2　市场细分的步骤

市场细分的步骤如下：

（1）正确选择市场范围。

（2）列出市场范围内所有潜在客户的需求情况。

（3）分析潜在客户的不同需求，初步划分市场。

（4）筛选。

（5）为细分市场定名。

（6）复核。

（7）决定细分市场的规模，选定目标市场。

经过以上七个步骤，企业便完成了市场细分的工作，就要根据自身的实际情况确定目标市场并采取相应的目标市场策略[10]。

美国曾有人运用利益细分法研究钟表市场,发现手表购买者分为三类:①大约 23％侧重价格低廉;②46％侧重耐用性及一般质量;③31％侧重品牌声望。当时美国各著名钟表公司大多都把注意力集中于第三类细分市场,从而制造出豪华昂贵手表并通过珠宝店销售。唯有 TIMEX 公司独具慧眼,选定第一、第二类细分市场作为目标市场,全力推出一种价廉物美的"天美时"牌手表,并通过一般钟表店或某些大型综合商店出售。该公司后来发展成为全世界第一流的钟表公司[11]。

4.4 了解客户

客户需求可以分为显性需求和隐性需求。显性需求是指客户有明确的期望,知道自己要什么。隐性需求是指客户并没有意识到或不能用言语做出具体描述的需求。了解客户的目的就是明确客户的真正需求,并提供专业的解决方案;收集详尽的客户信息,建立准确的客户档案;在客户心中建立专业的形象。准确了解客户的需求在创新过程中具有重要意义,因为只有满足客户需求的创新才是有价值的创新。它使创新过程更加具有针对性,更有效率。

▷▷ 4.4.1 客户需求调研流程

客户需求调研的步骤如下:

(1)完全倾听客户的心声。找一个合适的地点,与客户面对面地沟通和交流,完全倾听客户的心声,随时记录客户所说的一切,每一次调研完后要对所有的记录进行整理,形成文档,在下一次调研开始时对上次的总结进行确认。

(2)整理客户的需求。

(3)引导客户的需求。引导客户的需求除应做到描述用户的常规需求外,还应发掘用户的潜在需求,争取提出用户的兴奋需求。

（4）编制客户需求调研报告。

（5）编写用户需求说明书。

▷▷ 4.4.2　关键的客户调研工具（方法）

4.4.2.1　情景访谈

情景访谈是一种以用户为中心的访谈方式，它要求访问者走进用户的现实环境，了解用户的工作方式及生活环境，从而更好地收集来自用户的需求和要求。客户购买产品或服务是为了帮助他们完成某项工作或职能。情景访谈的目标就是找出尚未得到满足的客户需求。因此，在大多数情况下，按优先顺序编排的客户需求清单是一个访谈项目的输出。

启动一个情景访谈项目的步骤如下：

（1）阐明任务。

（2）为访谈设定目标。

（3）选择客户。

（4）准备工作队。

（5）制定和讨论观察指南。

（6）进行面试。

（7）分析和报告数据。

4.4.2.2　机会图

机会图可以帮助识别机遇，其横轴为重要度，纵轴为满意度，如图 4-6 所示。满意度与重要度的分值包含 10 个等级（1~10），分值可以通过需求调研获得。机会值=重要度+ max(重要度–满意度, 0)，左上角为重要度低但满意度高的区域，说明相关的创新被过度满足，具有成熟或潜在的变革，采用降低成本或减少功能等手段进行创新，右下角为重要度高但满意度低的区域，说明有非常大的改进空间，具有最大的创新机会。

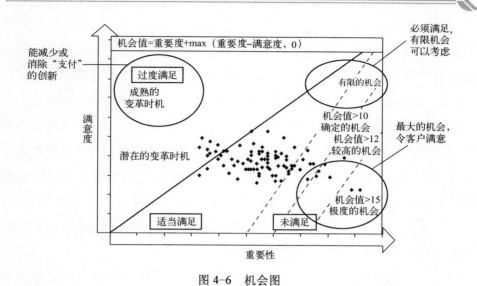

图 4-6　机会图

4.4.2.3　卡诺模型

卡诺模型（见图 4-7）是由日本的卡诺博士（Noriaki Kano）提出的，卡诺模型的目的是通过对客户的不同需求进行区分处理，帮助企业找到提高客户满意度的切入点[12]。卡诺模型定义了三个层次的客户需求：基本型需求、期望型需求和兴奋型需求[13]。

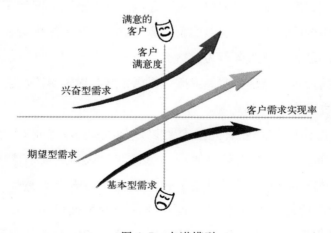

图 4-7　卡诺模型

（1）**基本型需求**是指客户认为产品"必须有"的属性或功能。在特性充足（满足客户需求）的情况下，无所谓满意与不满意，客户充其量是满意。如果这些特性不充足（不能满足客户需求），则客户会很不满意；即使在特性充足（能满足客户需求）的情况下，客户也不一定会因此表现出满意。对于基本型需求，即使超过了客户的期望，客户充其量达到满意，不会对此表现出更多的好感。可是一旦稍有疏忽，未达到客户的期望，则客户满意度将直线下降。对于客户而言，这些需求是最基本的，是必须满足的。例如冰箱，如果家中的冰箱正常制冷，客户不会因为冰箱能够运行并且制冷而感到满意；反之，一旦冰箱在制冷过程中出现问题，那么客户对该品牌的冰箱的满意度会明显下降，投诉、抱怨随之而来。

（2）**期望型需求**是指客户的满意状况与需求的满足程度成比例关系的需求。此类需求得到满足或表现良好的话，客户满意度会显著提高，此类需求得不到满足或表现不好的话，客户的不满也会显著提高。企业提供的产品或服务水平超出客户期望越多，客户的满意状况越好，反之亦然。

（3）**兴奋型需求**是指完全出乎客户意料的属性或功能。但兴奋型需求一旦得到满足，客户表现出的满意状况也是非常高的。对于兴奋型需求，随着满足客户期望程度的增加，客户满意也急剧上升；反之，即使在期望不满足时，客户也不会因而表现出明显的不满意。这要求企业提供给客户一些完全出乎意料的产品属性或服务行为，给客户惊喜。客户对一些产品或服务没有表达出明确的需求，当这些产品或服务提供给客户时，客户就会表现出非常满意，从而提高客户的忠诚度。

在实际操作中，企业首先要全力以赴地满足客户的基本型需求，保证客户提出的问题得到认真的解决，重视客户认为企业有义务做到的事情，尽量为客户提供方便，以满足客户最基本的需求。然后，企业应尽力去满足客户的期望型需求[14]，这是质量的竞争性因素。提供客户喜爱的额外服务或产品功能，使其产品和服务优于竞争对手并有所不同，引导客户提升对本企业的良好印象，使客户满意。最后争取满足客户的兴奋型需求，为企业建立最忠实的客户群。因此，利用卡诺模型准确分析客户需求可对企业的产品创新和产品设计提供很好的依据，对企业发展具有重大的意义。[15-17]

4.5　确定机会

随着科技、市场和政策环境的不断变化，创新机会不断涌现，但是产生的创新机会蕴含在各种形式的信息中，需要创新决策者通过分析才能得到认知。为了及时、有效地认知创新机会，要求创新决策者具有一定的认知能力和能够采用一些方法，在机会窗口打开时迅速捕捉到创新良机[18]。

▷▷ 4.5.1　联合分析法

市场研究中一个经常遇到的问题是：在研究的产品或服务中，具有哪些特征的产品最能得到消费者的欢迎。联合分析就是针对这些需求而产生的一种市场分析方法。联合分析是对人们购买决策的一种现实模拟。由于在实际的购买决策过程中，因为价格等原因，人们要对产品的多个特征进行综合考虑，往往要在满足一些要求的前提下，牺牲部分其他特性，是一种对特征的权衡与折中（Trade-off）。通过联合分析，我们可以模拟出人们的抉择行为，可以预测不同类型的人群抉择的结果。因此，通过联合分析方法，可以了解消费者对产品各特征的重视程度，并利用这些信息开发出具有竞争力的产品[19]。

联合分析的主要步骤如下：

（1）确定产品特征与特征水平。联合分析首先识别产品或服务的特征。确定了特征之后，还应该确定这些特征需要达到的水平。

（2）产品模拟。联合分析将产品的所有特征与特征水平通盘考虑，并采用正交设计的方法将这些特征与特征水平进行组合，生成一系列虚拟产品。

（3）数据收集。请受访者对虚拟产品进行评价，通过打分、排序等方法调查受访者对虚拟产品的喜好、购买的可能性等。

（4）计算特征的效用。从收集的信息中剥离出消费者对每一特征，以及特征水平的偏好值，这些偏好值也就是该特征的"效用"。

（5）市场预测。利用效用值来预测消费者将如何在不同的产品中进行选择，从而决定应该采取的措施。

▷▷ 4.5.2　优选法

优选法是根据生产和科研中的不同问题，以数学原理为指导，合理安排实验点，减少实验次数，以求迅速找到最佳点的一种科学方法。

许多人认为客户不愿意去做有很多问题的需求调研，那是因为那些问题不是客户所关心的，对他不重要。如果在做需求调研时能够聚焦于客户的真正关注点，客户不仅愿意做需求调研，更会认真地完成它。因此，可以采用优选法，排除一些需求，找出对客户最为重要的需求。从而筛选出最能满足客户需求的创新机会。

4.6　生成创意

创新流程包括创意生成、创意评估和创意执行三个阶段，如图 4-8 和 4-9 所示。创意生成阶段主要是突破定势或权威的束缚，在创新过程中生成创意。创意评估主要是对生成的良莠不齐的创意进行分类评估。创意执行是将创新转变为产品，最终形成有价值的创新。

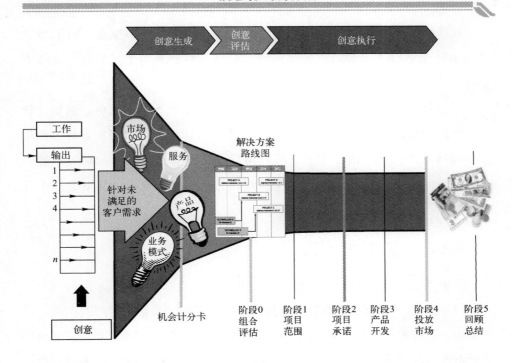

图 4-8 创新流程

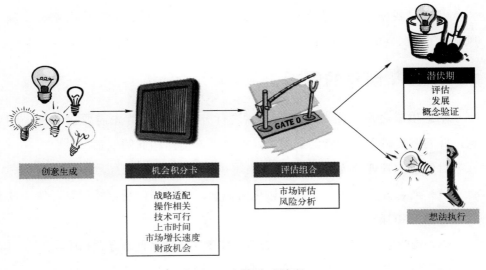

图 4-9 创意生成阶段

创造性的想法——创意，不是发明创造，创造是无中生有，而创意是将一些司空见惯的元素以意想不到的方式以最终产品的形式推送到消费者面前。

在无数的创意中，只有少数可以最终转变成市场上的成功。例如，杜邦公司的一份研究报告显示：3000 个创意中只会出现一个能在市场上产生影响的创意。创意取决于你的目标，可以对市场有重大影响，可以导致一个新的发明，可以激发数百人产生其他伟大的创意，或者本身就是一个优秀的创意。

▷▷ 4.6.1　创意生成方法

产生创意的方法可以归纳为以下三类：

（1）提问。发现可行的创新机会，是探寻和产生创意最常用的工具。

（2）追踪潮流（趋势）。主要通过追踪竞争者信息、做出市场预测和市场分析报告以及聘请外部顾问团等方式获得，能够使参与者全程参与探索过程，全面了解影响未来的关键趋势和可能面临的挑战，进而产生大量的创意。

（3）寻找创意。主要通过客户调研、SWOT 分析、六项思考帽、头脑风暴、TRIZ、DFSS、鱼骨图以及学习型探索等方式获得。

▷▷ 4.6.2　创意的管理

创意生成之后，需要对每个创意进行分类管理，首先需要描述每个创意，并将它们输入可搜索的数据库，避免多次提出相同的创意。

对创意的管理分为以下三个步骤：

（1）创意分类。将一个创意转化为概念，添加描述及相关信息，便于以后进行研究和开发。

（2）比较创意。每个创意都需要有一定的关键字，便于寻找和比较。

（3）检验创意的意图，即检验创意是否与公司的战略意图相吻合。

4.7 评估创意

在企业创新过程中会涌现许多创意，但这些创意良莠不齐，即使实力雄厚的大公司，也不可能执行所有的创意。因此，必须构建创意的评估和决策机制，对所有的创意进行分类评估。只有这样，才能优化组合出有价值的创意，做到高效的创新、成功的创新。

▷▷ 4.7.1 机会计分卡与组合评估

机会计分卡是创意评估的一种方式。在机会计分卡中，评分者对每个创意从以下方面进行评分：战略适应、运营相关、技术可行、上市时间、市场增长速度和财务机会。最后针对企业对于每一方面的重视程度，对各项评分进行加权平均，得出每个创意的最后计分。其中，每项评分的详细、具体的数值应该根据企业的具体情况及创意的类别做出相应的调整。

在进行创意评估时，可以总结出如图 4-10 所示的评估公式。

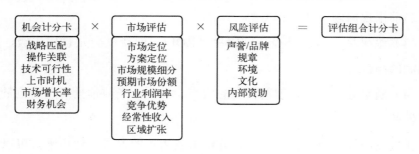

图 4-10 创意评估公式

▷▷ 4.7.2 优先化创新组合

气泡图用来为各个不同的创新机会/战略的比较提供可视化参考图形，

为做出权衡和重新平衡创新机会的决定提供有力的支持。

气泡图是一种特殊类型的散点图，它是 XY 散点图的扩展，相当于在 XY 散点图的基础上增加了第三个变量，即气泡的面积大小，其变量相应的数值越大，则气泡越大；相反，数值越小，则气泡越小。所以气泡图可以应用于分析更加复杂的数据关系。除了描述两个变量之间的关系，还可以描述数据本身的另一个变量关系。对三个变量赋予不同的意义，分析数据点在图中的位置，得出相应的结论。

气泡图的四个维度分别是气泡的大小、气泡的颜色、纵坐标以及两个横坐标。每个维度代表的内容可以根据需要，设置成企业决策者关心的各种业务决策准则。

在企业创新活动中，四个维度可作如下设置：

（1）气泡的大小：可以代表创新机会的成本大小、利润大小、平衡记分卡得分的高低等。

（2）气泡的颜色：代表创新机会元素的健康状况；而健康的具体含义也是可以定制的，它可以代表平衡记分卡的评分等级、进度或成本的偏差范围、当前出现问题的严重程度等。

（3）纵坐标：可以是投资回报率（ROI）、创新机会元素优先级、成本或利润的高低等。

（4）横坐标：可以是创新机会的状态、类别，当前预见问题的数量，元素属性等。

通过使用气泡图，将创意的评分结果以清晰的方式呈现出来，可以帮助决策者优化创新组合。

根据创新机会计分结果，可以绘制风险—机会计分气泡图，把各个创新机会表现在一个图中。其中，每个气泡代表一个机会，气泡的半径由财务机会决定，预期盈利越多，半径越大，气泡也越大。绘制的气泡图如图 4-11 所示。

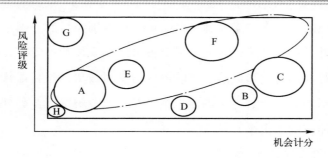

图 4-11　创新组合风险—机会计分气泡图

　　这个简单的例子向我们展示了创新气泡图的直观和实用性。例如，创新组合经理会更愿意启用机会 A（低风险和低盈利机会）或者机会 F（高风险和高盈利机会），不会启用创新机会 G，因为其风险过大，而且盈利机会偏低。

4.8　实施创新

　　产生的创新只有通过实施，将其转变为产品投放市场并最终满足客户需求，才是有价值的创新，而创新的实施也是有流程可循的，具体如图 4-12 所示。

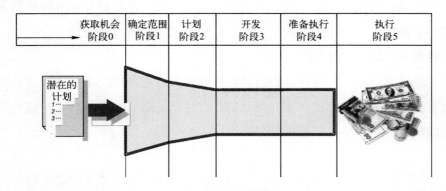

图 4-12　创新实施流程

阶段 1：确定项目范围

85

创新实施的第一个阶段是确定创新项目的范围，目的是确定机会吸引力及项目可行性。在这个阶段，创新机会被进一步开发和检验，开始关注项目的范围、可行性、盈利和风险。该阶段的可交付成果为项目可行性分析、市场定义、初步的业务计划等。许多机会将在该阶段被终止，另外一些更好的机会也有可能被创造出来。

阶段 2：制订执行计划

该阶段的目的是建立执行商业机会的计划。在该阶段，每个职能部门需要制订一个详细的执行方案和一个完备的商业策划。在该阶段，组织已经具有相当多的资源，用以实施创意。值得注意的是，也有一些创意项目会在该阶段被取消，因为如果一个项目进入了下一阶段，那么除非出现不可预期的情况，否则该项目必须被执行。

阶段 3：实施开发，提出完备的开发方案

这是创新项目真正启动的一个阶段，该阶段的重点是得到一个能满足客户需求的完整解决方案。该阶段需要开发人员付出许多努力以及各个部门之间有效地协调合作。

阶段 4：执行的最后准备

该阶段作为执行创新方案之前的准备阶段，决定是否启动前一阶段开发出来的解决方案。

阶段 5：执行创新方案

该阶段便是将创新商业机会投放市场并评估商业绩效。最终经过评估市场投放计划，并将实际的结果与当初的计划进行比较，从而将资源过渡到下一个项目，进行可持续的创新。

4.9 杠杆作用——建设创新文化

所谓企业创新文化，是指在一定的社会历史条件下，企业在创新及创新管理活动中所创造和形成的具有本企业特色的创新精神财富以及创新物质形态的综合，包括创新价值观、创新准则、创新制度和规范、创新物质文化环境等。创新文化是一种培育创新的文化，这种文化具有巨大的潜力，能够激发创新组织的热情，唤起主动性和责任感，来帮助组织完成很高的目标。创新文化能引发几十种思考方式和行为方式，在公司内创造、发展和建立价值观和态度，能够唤起涉及公司效率与职能发展进步方面的观点和变化，并且使这种观点与变化得到接受和支持，即使这些变化可能意味着会引起与常规和传统行为的冲突[20-21]。

由此可见，创新文化是一种宏观战略层面的变革文化，任何一种文化的塑造都离不开组织自上而下的正确的、有效的引导。

以下为建立创新文化八步曲：

（1）设定目标：明确了企业的创新目标，并筹划实现目标的发展轨迹及具有指导性的措施、对策，在企业持续创新活动中起着导向的作用。

（2）突出重点：在企业创新目标中可选取 3～5 个收入类别，设定为创新收入的重点目标。

（3）流程方法：基于创意生成、创意评估和创意执行的创新全流程。

（4）组织架构：有着成功的和充满活力的创新文化的创新工场具有网络化的组织架构，它的成员由组织内部的成员和包括客户、供应商甚至竞争者等在内的外部成员组成。

（5）专家指导：建立创新顾问团，邀请外部专家帮助建立创新文化。

（6）全员创新：最佳创意往往来自员工，而非高层管理者。因此，要创建让全体员工共同构建和评估创意的氛围。广泛听取各层员工的意见。

（7）客户驱动：建立客户需求驱动创新的机制，可以降低创新风险和成本，节约时间。

（8）不断实践：只有实践和践行，才能完善和丰富创新文化，使创新持续不断。

　　企业在遵循上述八个步骤创建创新文化时，在部门和员工中间要始终贯彻"从我做起，从现在做起"的思想，评估本企业的创新成果和持续方法论，回顾创新的种类和企业过去几年中推出的创新属于哪类创新，从而获得持续创新能力。

参 考 文 献

[1] 余锋. 精益创新：企业高效创新八步法[M]. 北京：机械工业出版社. 2015.

[2] http://www.lssclub.com/index.php?option=com_content&view=article&id=4624:2013-03-06-14-58-04.

[3] 茹克亚木. 阿木提 新疆清真食品品牌战略研究[D]. 乌鲁木齐：新疆农业大学，2013.

[4] 李全伟. 企业家活动对企业生命周期的作用机理研究[D]. 青岛：中国海洋大学，2009.

[5] 何大庆. 湖南省资兴焦电股份有限公司发展战略研究[D]. 长沙：湖南大学，2006.

[6] 郎立嵩. 天津市房地产发展（集团）股份有限公司发展战略研究 [D]. 天津：天津大学，2011.

[7] W Chan Kim，Renée Mauborgne.蓝海战略[M]. 吉宓，译.北京：商务印书馆，2005.

[8] 曹晨忠. 蓝海战略在潞安集团喷吹煤产品市场营销中的应用与研究 [D]. 厦门：厦门大学，2012.

[9] 屈云波，张少辉. 市场细分：市场取舍的方法与案例[M]. 北京：企业管理出版社，2010.

[10] 李曙光. 武汉蔡甸经济开发区招商引资营销战略[D]. 武汉：华中科技大学，2010.

[11] 唐德才. 现代市场营销学教程[M]. 北京：清华大学出版社，2005.

[12] 蒋宏. 基层质量技术监督部门助推地方经济发展有效性研究[D]. 杭州：浙江工业大学，2010.

[13] 徐丹. 外贸服装加工企业客户满意度测评研究[D]. 杭州：浙江理工大学，2009.

[14] 曹斌. 铁路旅客满意度测评关键技术研究 [D]. 武汉：武汉理工大学，2007.

[15] 林秀琴. 福州市新农合医疗现状及发展的满意度评价研究[D]. 福州：福建农林大学，2013.

[16] 高雪梅. 以需求链管理创新钢铁流通管理模式的研究[J]. 商场现代化，2013(19):122-124.

[17] 陈洋彬. 基于数据挖掘的移动客户满意度的研究[D]. 厦门：厦门大学，2009.

[18] 沈远平，沈宏宇. 管理沟通：基于案例分析的学习[M]. 广州：暨南大学出版社，2009.

[19] 李津. 基于隐性需求的动漫品牌资产形成研究[D]. 天津：天津财经大学，2009.

[20] 王梅. 打造高绩效团队需从青年做起[J]. 陕西青年职业学院学报，2012(4):76-79.

[21] 闫阳，杜伟华. 企业自主技术创新的文化氛围研究[J]. 商场现代化，2009(3):307-308.

5

5.1 驱动创新机会的模式

▷▷ 5.1.1 技术驱动创新

技术驱动模式是指创新主体拥有新的技术发明或发现，并利用这种发明或发现开展技术创新活动。这种模式假设科学家做出了不可预见的发现，技术人员把它们应用于开发产品创意，然后工程师和设计师把这些创意变成样品进行测试，留待生产制造部门设计出产品的有效生产方式。最终，企业市场营销部门把产品推销给潜在的客户。在此模式中，市场是研发成果的一个被动接受者。这种创新模式是有一定限制的，应用效果最好的是医药行业，但在其他很多情况下，尤其是当创新过程遵循一种不同的途径时，这个模式是不适用的。这种模式的创新轨迹如图 5-1 所示[1]。

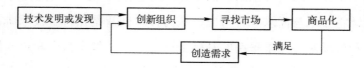

图 5-1　技术驱动模式的创新轨迹

▷▷ 5.1.2 需求引导创新

需求引导模式是指由于客观存在的需求导致创新主体开展技术研究，并应用技术成果从事技术创新活动。此模式看重的是营销部门作为新创意发起者的作用，然而这些创意是从与客户的紧密互动中产生的。许多公司一致认为，熟悉客户对将创新转化成利润至关重要：只有了解了客户需求，工业企业才能识别出创新机会。然后，工业企业才会看看是否存在能够用到这些创新机会的技术。具有创新性是相对容易的，难点是确保创意在商业上可行[2]。

这种模式的创新轨迹如图 5-2 所示。

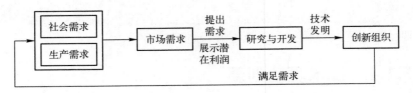

图 5-2　需求引导模式的创新轨迹

▷▷ 5.1.3　组合驱动创新

组合创新模式强调技术和市场的有机结合，强调创新过程中各环节与市场需求和技术进步之间的交互作用，它是技术驱动——需求引导综合作用模型的深化，单纯的技术驱动和需求引导模型是其特例。据相关人员对加拿大 900 多工业企业的创新情况调查，其中 18%的创新属于技术驱动创新，26%的创新属于市场需求引导创新，而 56%的创新属于组合驱动创新[3]。组合驱动模式强调将技术与需求综合考虑，认为技术创新是在科学技术研究可能得到的成果和市场对此需求平衡的基础上产生的，即技术机会和市场机会合成的结果，导致了技术创新的开展。组合驱动模式的技术创新轨迹如图 5-3 所示。

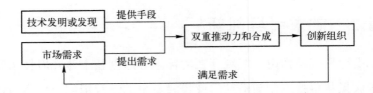

图 5-3　组合驱动模式的创新轨迹

▷▷ 5.1.4　引领性创新

以苹果公司为代表的创新模式认为不能对用户过度依赖，必须通过引领性创新来创造未来。大家都认为客户是上帝，要全力倾听客户的意见，乔布斯是第一个对这一理论说"不"的企业家，他认为客户其实并不总是知道自己想要什么，尤其是他们从未见过、听过或接触过的东西。当苹果决定推出平板电脑时，很多人是持怀疑态度的，当听到 iPad 这个名词时，大家都不以为然。但是当人们真正使用时，才知道这是他们很需要的东西。乔布斯敏锐地洞察到人们对平板电脑的潜在需求，并通过引领性创新将之挖掘出来，在传统 PC 行业之外打开了平板电脑的市场。

5.2　技术驱动识别产品创新机会

▶▶ 5.2.1　技术驱动产品创新的内涵及特点

很多情况下，客户对于自己的需求的认知并不是特别明确，即使客户认识到未来的需求趋势，但市场需求由一种趋势到现实也是一个极其缓慢的过程。在这种情况下，企业必须发挥主观能动性，利用新技术来主动进行产品创新，并在此基础上对市场需求进行积极引导，即通过技术创新，人为地生产出一种"需要"，主动地创造出一个市场，这个过程称为技术驱动产品创新[4-5]。

图 5-4 为技术驱动产品创新的体系结构，技术驱动产品创新战略的逻辑是"技术推进论"，即只要企业产品创新中所涉及的特定技术具备一定的实用价值和科技含量，以该技术为基础的创新产品一旦投放到市场中，便会在市场上产生一定的商业价值。技术驱动产品创新包括产品/技术分析预测、产品/技术规划以及新技术的转化三个过程，而整个过程的核心即为技术趋势机会的识别，用到的几个关键工具和方法包括技术系统进化法则、S 曲线、技术路线图、专利挖掘等。

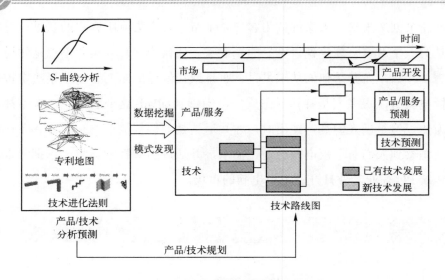

图 5-4   技术驱动产品创新的体系结构

▷▷ 5.2.2   技术趋势机会识别方法

5.2.2.1   技术系统进化法则

技术系统进化论是 TRIZ 理论最重要的理论之一。阿奇舒勒认为，技术系统的进化并非取决于人的主观愿望，而是遵循事物进化的客观规律和模式，所有系统都必然向着"最终理想化"的方向进化[6-8]。

技术系统八大进化法则分别如下：

（1）技术系统的 S 曲线进化法则。

（2）提高理想度法则。

（3）子系统的不均衡进化法则。

（4）动态性和可控性进化法则。

（5）增加集成度再进行简化法则。

（6）子系统协调性进化法则。

（7）向微观级和增加场应用的进化法则。

（8）减少人工介入的进化法则。

技术系统的这八大进化法则可以应用于产生市场需求、定性技术预测、产生新技术、专利布局和选择企业战略制定的时机等。它可以用来解决难题，预测技术系统，产生并加强创造性问题的解决工具。

5.2.2.2　S 曲线

产品技术进化从诞生到衰退的生命周期总是表现为沿着 S 曲线的形式演变与发展。S 曲线（见图 5-5）分为四个阶段，即婴儿期、成长期、成熟期和衰退期。婴儿期和成长期一般代表该产品处于原理实现、性能优化和商品化开发阶段，到了成熟期和衰退期，则说明该产品技术发展得比较成熟，盈利逐渐达到最高并开始下降，需要开发新的替代产品。随着产品的不断更新换代，形成了该类产品的进化曲线[9]。

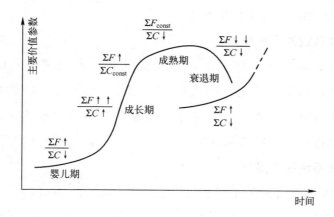

图 5-5　S 进化曲线

注：F 表示功能；C 表示成本；"↓"表示降低；"↑"表示提高；"↑↑"表示大幅提高；"↓↓"表示大幅降低；C_{const} 表示成本保持不变；F_{const} 表示功能保持不变。

主要价值参数（Main Parameters of Value，MPV）是对产品或者服务消费决策过程做出关键贡献或者输出的因素，对技术系统的不同参数建立 S 曲线分析，可以识别技术和判断一个产品的相关技术所处的阶

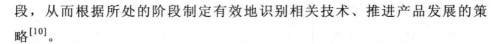

段，从而根据所处的阶段制定有效地识别相关技术、推进产品发展的策略[10]。

1. 技术系统的婴儿期

技术系统处于婴儿期的创新策略是通过提升价值参数的功能、降低成本来提升主要技术参数的理想度。然而处于婴儿期的系统性能的完善非常缓慢，系统在此阶段的经济收益基本为负值。

2. 技术系统的成长期

进入发展期的技术系统，系统中原来存在的各种问题逐步得到解决，效率和产品可靠性得到较大程度的提升，其价值开始获得社会的广泛认可，发展潜力也开始呈现，从而吸引了大量的人力、财力，大量资金的投入会推进技术系统获得高速发展。在此阶段，创新策略为大量提升功能但允许成本增加，或者提升功能但成本保持不变。

3. 技术系统的成熟期

在获得大量资源的情况下，系统会从成长期快速进入成熟期，这时技术系统已经趋于完善，所进行的大部分工作只是系统的局部改进和完善。处于成熟期的系统，性能水平达到最佳。该阶段的创新策略为系统的功能保持不变，但成本降低。

4. 技术系统的衰退期

成熟期后系统面临的是衰退期。此时技术系统达到极限，不会有新的突破，该系统因不再有需求的支撑而面临市场的淘汰。该阶段的创新策略为：大幅度地降低功能并降低成本，或者进化到新的价值参数，采用新的技术来替代。例如，功能手机处于衰退阶段，创新机会包括大大简化功能手机的功能，推出适合老年人使用的功能机，带来成本的降低，或者推出采用触摸屏、陀螺仪等新技术的智能手机，向新的 S 曲线跃迁。

5.2.2.3 技术路线图

技术路线图是指应用简洁的图形、表格、文字等形式描述技术变化的步骤或技术相关环节之间的逻辑关系。技术路线图为构建一条由现在到未来的产品与技术的发展路径，将企业的市场策略、满足目标市场的产品、该产品所需的关键技术以及所需的资源，整合在产品技术路线图中，使企业清楚地掌握未来几年预计要开发的市场、发展的产品以及所需的关键技术。

技术路线图是一种结构化的规划方法，可以从三个方面归纳：作为一个过程，它可以综合各种利益相关者的观点，并将其统一到预期目标上来。同时，作为一种产品，纵向上它有力地将目标、资源及市场有机地结合起来，并明确它们之间的关系和属性；横向上它可以将过去、现在和未来统一起来，既描述现状，又预测未来。作为一种方法，它可以广泛应用于技术规划管理、行业未来预测、国家宏观管理等方面。技术路线图的基本结构如图 5-6 所示[11]。

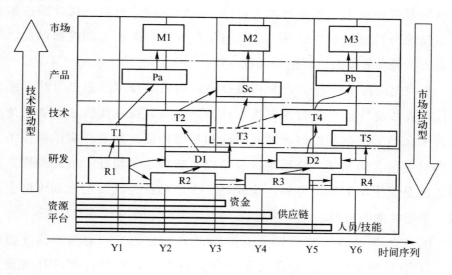

图 5-6 技术路线图的基本结构

技术路线图的作用在于为技术开发战略研讨和政策优先顺序研讨提供知

识、信息基础和对话框架，提供决策依据，提高决策效率。技术路线图已经成为企业、产业乃至国家制定技术创新规划、提高自主创新能力的重要工具和基础。

5.2.2.4 专利挖掘

专利挖掘是指从技术角度和专利保护的角度，针对技术方案中的必要技术特征，分析该技术特征可能具有的各种变种或变形，也就是寻找还有哪些方式可以替换该技术特征。挖掘各种可能的、潜在的对技术方案的模仿和变形，并进一步分析该技术方案可能涉及的领域和终端产品。

专利挖掘是一项系统性很强的工作，需要将技术和法律紧密、有机地结合起来才能做好。就我国企业目前的专利现状而言，专利挖掘还应该是企业专利战略工作的核心内容。专利挖掘要从技术的分解入手，分清核心技术和外围技术、基本技术和衍生技术[12]。专利挖掘有许多种，有以开发核心技术和基本技术为目标的专利挖掘，有以寻找外围技术和衍生技术为目标的专利挖掘，还有与生产管理有关的专利挖掘以及以降低成本、提高效率为目标的专利挖掘等。

专利挖掘还影响着企业专利的布局。如果某技术方案是方法，那么应挖掘在步骤特征中是否含有执行该步骤的装置或系统特征；如果是产品，那么除了挖掘制造该产品的方法和步骤特征，还要注重挖掘技术方案中可能包含的系统、分系统、模块以及新用途等特征，依此类推。其结果就是派生出若干个专利，这就是一个产品或方法发明专利可能会形成一个专利池的道理。

图 5-7 为汤森路透（Thomson Reuters）公司专利地图工具分析结果。所谓专利地图，就是通过文本聚类技术，对专利技术进行聚类分析，分析企业或行业的核心专利有哪些，从而识别潜在的技术机会和空白点。

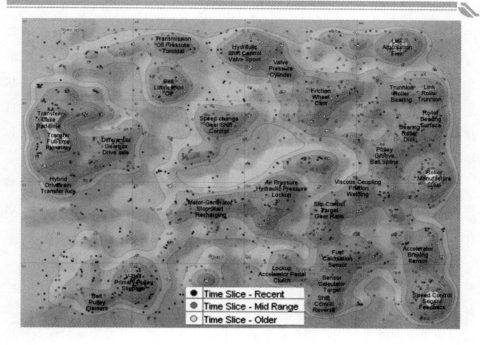

图 5-7 专利地图

对于企业的发明创造来说，要尽可能地分析企业所在行业的专利技术现状和本企业技术优势、产品结构、相关工艺特点等，挖掘企业潜在的专利技术资源。通过上述企业专利策划的过程，帮助企业形成自己的专利池，进而形成由企业专利池汇集而成的行业专利池。

5.3 需求识别产品创新机会

▷▷ 5.3.1 需求引导产品创新的内涵及意义

只有深刻发现和理解客户需求，才能识别创新机会。用户的需求是多样的，有些是显性的，有些是隐性的，研发人员不能直观了解到所有的用户需求。很多产品之所以同质化，就是因为设计师与产品开发者都盯着显性需求而忽略了隐性需求[13]。消费者的真正需求（包括显性需求和隐性需求）决定于消费者的文化习俗、生活习惯、性格特征、心理状态、潜在愿望、经济状态等。隐性需求分析背后的哲学非常简单，即直接向终端用户或被调查者询问是无效的，需要采用不同的措施来识别和挖掘用户的隐性需求。

生活中，隐性需求的主要问题有现实问题的隐藏性和潜在问题的隐藏性。现实问题是指现实生活中已经存在的问题，这需要工业企业去发现；潜在问题是隐藏的问题，是未来将要发生的问题，需要工业企业去挖掘。

随着信息化时代的飞速发展，人们的生活方式不断改变和优化。但是，新的潜在问题、新的潜在需求将会不断显现。就产品创新来说，那些竞争者甚至消费者本人都不清晰、从未体验过的深层次需要是非常重要的信息来源。如果企业能通过挖掘消费者未满足的深层次需要，开发出满足深层次需要的、能形成消费新观念的、领导消费新趋势的新产品，则不仅能创造出新的市场消费空间，而且能使企业独辟蹊径，抢占先机，建立起卓越的竞争优势，有效地拉开与竞争对手的差距，从而帮助企业从满足消费者需求到引导需求，发生质的飞跃。因此，研究和把握隐性需求，对于工业产品设计的创新和可持续发展有着非同寻常的意义和价值[14]。

▷▷ 5.3.2　用户需求的分类及界定

"需求"是动态的、发展的，既有显性和隐性之分，又有新旧之别。隐性需求就像地下的矿藏，需要发现，需要挖掘；新的需求则像正在成长的幼苗，需要催生，需要培育。显性需求一般通过系统的市场调研进行挖掘，而隐性需求的开发则相对复杂[15]。

如图 5-8 所示为客户需求分类及其边界模型[16]。

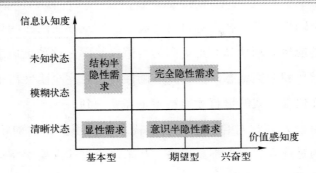

图 5-8　客户需求分类及其边界模型

（1）显性需求。显性需求是指客户对于自身的需求有清晰的认识，而且这种需求大多局限于满足自身生存需要的浅层次需求，客户满意低于或等于客户期望，以企业提供的基本功能和价值为主，如果缺失就会形成负需求。

（2）结构半隐性需求。结构半隐性需求主要是客户的基本生存和生理、安全需要，由于特定的经济条件和生存环境，客户对自身的基本需求认识程度较低，这种功能上的结构缺失，是一种半隐性需求。

识别结构半隐性需求的创新机会，需要能够针对客户的认知水平，提供更加物美价廉的产品与服务。如采用降低功能同时大量降低成本的已有成熟产品，满足普通客户的需求。

（3）意识半隐性需求。意识半隐性需求是客户对自身的高层次需求具有清晰的认识，只是企业现有提供物的功能无法使客户获得更高的价值满足感，这种价值感知上的潜意识状态，是一种半隐性需求。

识别意识半隐性需求的创新机会，需要能够提升客户生活水平的产品与服务，使客户获得更高的满足感和用户体验。按用途分，产品功能可分为使用功能和衍生功能，使用功能是产品的实际用途、特定用途或使用价值。高层次需求衍生出来的功能是指除了满足基本需求的使用功能的其他功能，包括审美的、情感交流的、自我价值体现的功能[13]，如提升杯子的美感设计、智能水平等。

（4）完全隐性需求。客户对自身的高层次需求没有清晰的认识，企业现有提供物的功能也无法使其获得更高的价值满足感，这种价值感知和提供手段上的双重潜伏和缺失状态，称为完全隐性需求。完全隐性需求必须经过市场、社会、文化等方式的培育才能被察觉和意识到。

在这一阶段，客户对自身的高层次需求完全不知情。对于工业企业来说，要抓住的是连客户本人都不清晰、从未体验过的深层次需求。通过挖掘客户这一层面的需求，开发出能形成消费新观念、领导消费新趋势的新产品，帮助企业从满足客户需求到引导需求，发生质的飞跃。

在这一阶段，由于未知的因素太多，不能单从哪几方面的因素着手来指导设计，而应该从全局出发，在显性需求产品设计的方法基础上，协调产品的各方面影响因素，来挖掘客户的隐性需求。

▷▷ 5.3.3　隐性需求的识别及挖掘

营销的过程是需求创造和传递的过程。激烈的竞争迫使企业不断寻求获得竞争优势的方法。传统的竞争思维以打败竞争对手为目的，通常，企业在打败竞争对手的同时，虽然增长了市场份额，但自身的利润也被削减。最新的竞争战略则强调在关注竞争对手的同时，更关注客户需求。在企业产品趋于同质化的今天，营销的重点是做好市场细分，开发差异性产品，这就要求企业对消费者的需求特别是隐性需求进行识别和挖掘。

隐性需求的挖掘，首先要从识别开始。隐性需求的识别建立在信息收集的基础上。在收集信息时，不能掺杂主观因素。信息收集好后，再对信息进行整理、分析，进一步挖掘。

5.3.3.1　深度调研客户需求

工业企业生产产品是为了满足客户的需求。要了解客户的需求，洞察隐性需求，必须深入了解客户。企业要成立专门的需求调查小组，深入客户群体，展开深度调研，以把握客户最真实的体验，并进一步挖掘客户需求。

1．成立专门的需求调查小组

需求调查小组就是全权负责客户隐性需求识别、收集、整理、分析等一系列信息收集工作的专门、专业机构，目的是深入体验消费者的购买行为，分析客户心理，掌握客户的需求，特别是隐性需求。一般说来，需求调查小组的成员包括市场人员、技术人员、销售人员、售后服务人员、生产人员、质量人员等，具体视企业的规模和产品品类而定，需求调查小组需要掌握产品设计的技术信息、生产过程、包装、渠道、销售等一系列信息。需求调查小组还应具备更高级的专家团队，对整理后的信息、分析结果给出意见。专家团队由公司的市场经理、项目经理、产品经理等具有较多产品、市场经验的管理者组成，专家比一般调查人员具有更丰富的经验和敏感度，能够更准确地把握客户需求，有助于识别客户的隐性需求。

需求调查小组需要了解客户的体验，拟定合理、有效的问题向客户了解对产品的满意度或不满意之处，做好记录；并对竞争对手进行分析，识别隐性需求；然后建立消费信息库，把收集的信息进行统一汇总、整理后输入消费信息库，并共同进行分析。

2．深度调研

深度调研是指事先预估客户的隐性需求，深入客户群体，有针对性地对客户进行调研，了解客户的隐性需求并进行记录。

深度调研的步骤是：首先对客户有可能的不满意进行预估，并拟定合理的问题，保证在客户需求调研过程中处于主动，以获得更加有效的信息。然后到销售现场、社交场所倾听消费者的想法，对给出有效意见的客户进行跟踪访问，保持密切联系。同时，与客户进行角色置换，就产品质量、包装、价格等因素模拟客户身份进行体验，感知客户的感受，并分析隐性需求。

3．建立广泛的客户需求信息收集渠道

企业要全面了解客户需求，更加有效地挖掘客户的隐性需求，还要建立广泛的客户需求信息收集渠道，完善收集流程。

（1）通过销售网络了解客户需求。企业已经建立的销售网络是企业产品到达客户的渠道，也是客户信息反馈的有效渠道。很多企业的产品是由经销商、分销商甚至多级经销商建立的销售网络来进行销售，与客户接触最多的也是经销商，从经销商处了解客户对产品的意见，是更加有效、便捷的方式。客户在重复购买的过程中，会把对产品的意见或建议反馈给经销商，所以经销商是客户需求信息的"第一经手人"。因此，定期地与经销商进行沟通，了解经销商对产品的意见或建议，是企业获得客户需求信息的快捷、有效的途径。

（2）开发 VIP 客户群，建立奖励计划。VIP，即贵宾，意味着客户群体的优质。按照意大利经济学家帕累托（Vilfvedo Pareto）的"20/80 定律"，VIP 客户应该是为企业创造最大利润的、仅占 20%的那部分小众群体。开发 VIP 客户群，有利于培养客户忠诚度，同时也是获得客户信息、反馈意见和进行营销活动的有效途径。

（3）建立有效的信息反馈渠道。有效的信息反馈渠道是客户意见及时、有效地送达企业的有效保障，也是企业获取客户信息、意见并有针对性地开展营销活动的重要前提。有效的信息反馈渠道包括：消费者咨询、建议热线电话，专用意见收集信箱、Email，网站信息反馈系统，产品论坛，企业博客，定时 VIP 客户意见交流会等[17]。

5.3.3.2　竞争对手分析

企业对竞争对手提供的产品或服务进行分析，从中发现产品的缺陷，而缺陷的背后恰恰隐藏着客户对产品的新期盼，企业从这些缺陷入手，就可以挖掘客户的隐性需求以及一些市场空白点和客户需求变化的趋势。

企业对竞争对手的分析，是对竞争对手的实力、市场策略、产品优劣势等进行全面分析，再同企业自身的条件和状况进行对比，从而发现两者的差距。企业在竞争对手分析中应该关注：竞争对手的市场占有率；竞争对手的产品特点以及客户的反应；偏好竞争产品的客户特点及分析；竞争对手的投诉以及市场不满信息；企业产品相对于竞争对手的优势及劣势比较；结合企业及竞争对手的产品特点，分析客户可能存在的未满足的需求。

5.3.3.3 建立客户需求信息库

企业通过各种渠道收集的有关客户需求的各方面信息，要经过统一整理、汇总，导入客户需求信息库。客户信息库数据包括：客户信息，包括客户年龄、性别、收入层次；客户购买产品信息，包括购买频次、购买产品、满意度；客户意见，包括客户对产品的质量、服务、包装、形状、颜色、口味、体积、替代产品等的意见，以及客户对产品的预期和不满之处；客户投诉，包括客户对产品的投诉及处理措施和意见等；竞争对手评价分析。

建立客户需求信息库，并进行各种维度的数据分析，分析客户结构以及需求，可以有针对性地投入新产品研发和有目的地开展各类营销活动，降低营销成本，提高营销效率和有效性。建立客户需求信息库，可以长期、全面地对客户购买行为进行跟踪，有利于观察客户购买行为的变化，从而更有效地挖掘客户的隐性需求。

隐性需求的挖掘越来越受到营销者的重视。隐性需求识别是挖掘的前提。在对隐性需求进行有效识别后，结合分析客户的购买心理和购买行为，再按照隐性需求的类别进行分类开发，从而保证产品创新的准确性和有效性。

▷▷ 5.3.4　隐性需求挖掘案例

5.3.4.1　丰田打开美国市场

日本丰田汽车初次进军美国市场遭遇了坚固的壁垒。但凭借对市场需求的准确把握，日本丰田最终在美国汽车市场一举成名。

当时，生产大型豪华车的"福特"和"通用"牢牢霸占着美国汽车市场份额，而日本车往往是低价低质产品的代名词。在进军美国碰壁后，丰田开始潜心研究美国消费者的需求。在市场调研方面，丰田展现出日本人特有的精细。为了了解美国人的生活习惯，丰田派调查人员深入美国家庭充当"卧底"。这位卧底以学习英语为由寄宿在美国家庭，在和美国人朝夕相处的过程中把他们生活起居的各个细节，包括吃什么食物、看什么电视节目都一一记录下来。三个月后，调查人员带着沉甸甸的调查笔记回到了丰田公司[18]。

通过周密的调查，丰田发现看似密不透风的美国汽车市场其实酝酿着巨大的需求。随着经济的发展和国民生活水平的提高，美国人的消费观念、消费方式正在发生变化。汽车在人们眼中已经不再是身份的象征，而是纯粹的交通工具。许多殷实家庭纷纷迁居城郊，并为出行方便考虑而购买第二辆汽车。石油危机使驾驶费用陡增，人们越来越重视汽车节能。大功率的美国汽车不能在交通阻塞的道路上发挥性能，宽大的车体也给停车带来困难。丰田看到了美国市场对低价、节能、小巧车型的需求，而美国汽车业继续生产以往的高能耗、宽车体的豪华大型车，无形中给丰田制造了机会。

此外，丰田还掌握了小型汽车市场竞争对手——德国大众的详细资料。调查表明，大众高效、优质的服务网打消了美国人对外国车维修困难的疑虑，而暖气设备不好、后座空间小、内部装饰差是众多用户对大众车的不满之处。

此后不久，丰田公司重整旗鼓，推出了针对美国家庭需求而设计的旅行车，物美价廉，大受欢迎。该车的设计在每一个细节上都考虑了美国人的需要。例如，美国男士（特别是年轻人）喜爱喝玻璃瓶装饮料而非纸盒装的饮料，车内就专门设计了放置玻璃瓶的冷藏柜。相对宽大的驾驶室使身材高大的美国人有容身之处。当然，丰田也没有忘记在报纸上向接受调查但尚不知情的那户人家致歉道谢。

5.3.4.2 网站音乐付费下载需求挖掘

随着人们生活水平的不断提高和版权意识的不断增强，网络音乐付费下载已经被提上日程，尽管暂时还不会收费，但业内人士坦言，不用花钱就能随意下载音乐的"好事"迟早会有结束的一天。下面以**下载音乐**为例来说明隐性需求的挖掘方法：

情景 A：用户的目的是下载一首 MP3 格式的歌，下载到本地听是用户的固定思维（显性需求），其实用户真正的目的是想听歌，如果你告诉用户：网站同时提供在线听，而且速度快，这时候用户需求发生转化，激发了用户的隐性需求。

情景 B：用户到网上搜索《青花瓷》，这是用户的显性需求，而用户的潜在需求可能是：要听新歌或者想听周杰伦的歌。如果告诉用户：周杰伦的歌还有《烟花易冷》《红尘客栈》等，用户会得到极大的认同感、归属感。很显然，在这个过程中，网站激发了用户的隐性需求[19]。

通过以上两个情景，可得出以下结论：

（1）满足用户的显性需求是底线。

（2）满足隐性需求是培养用户忠诚度的最好武器。

（3）对于隐性需求，其挖掘效果取决于以下两个先决条件：

1）用户清楚操作完成之后得到什么东西。

2）用户觉得操作能够得到预期的回报。

例如，有一个网站想做音乐社区，作为站方，其目的是让用户转化成注册付费用户。如果一个陌生用户对该网站没有任何了解，一进门就需要注册付费填个人信息等，尽管首页上用很酷很炫的"横幅"告诉用户这是一个音乐社区，可以根据自己的喜好收听、下载音乐，可以通过音乐交朋友等，用户依旧不会接受：NO，太麻烦！不需要！（尽管很多网站会说：注册只需要 10 秒钟）。应对这种局面最直接的方式就是通过试用让用户直接感受到价值：资源丰富、高音质、同类产品相对竞争对手便宜等。

（4）对于隐性需求的度的把握是最难的，并不是所有的需求都是受欢迎的。正因为如此，在挖掘需求时，往往需要深度调研。

5.4 技术与需求组合识别创新机会

需求引导战略与技术驱动战略并不是产品创新战略的绝对二分法。企业在产品创新上完全可以采取一定的方式使这两种战略有机地结合起来，从而提高企业产品创新的效果。著名的营销学家菲利普·科特勒与库玛等人发表的《从市场驱动到驱动市场》一文中表达了同样的观点：企业产品创新应源于市场，但企业绝对不应成为市场的奴隶。组合创新的方法就是试图使市场需求引导战略和技术驱动战略得到有机融合，从而实现快速创新。

▷▷ 5.4.1 进行前卫用户研究

前卫用户是具有以下特征的用户：他们提出强烈的需求，而且在不久的将来这种需求就会在市场普遍出现；前卫用户不愿企业慢慢开发，他们经常要求企业提前开发新产品；前卫用户不同于新产品的早期采用者即最初购买创新产品的人，前卫用户面对的是市场上不存在的产品需求。

与产品创新相关的大量需求信息存在于前卫用户中，而这种需求信息总是半隐半显。企业产品创新部门通过和前卫用户密切接触，可以提早几年就把握住客户的这种需求，使企业的创新产品既符合技术发展的长期趋势，又可提高创新产品与市场需求的耦合程度。

▷▷ 5.4.2 实施产品概念测试

产品概念测试就是将企业初步设定好的一个产品概念或几个可以替代的产品概念展示在一群特定的目标客户面前，以便获得目标客户的反馈意见。从市场中抽出足量的参加对象做样本，对产品概念进行检测，以便及早发现一些在技术上看似不错的产品创意，能否在潜在市场上取得商业成功[20]。

　　一个完整的产品概念由三部分组成：①客户观点，即客户从自身的角度对新产品提出有关要求；②利益点，即说明新产品能为目标客户提供哪些具体的好处；③支持点，即解释企业怎样从技术上解决客户观点中所提出的相关问题。通过这三个方面的测试，企业就可以把产品创新的需求引导和技术驱动战略进行有机的结合，这样既保证了新产品的技术先进性，又保证了新产品的市场可接受性。

▷▷ 5.4.3　采用产品联合分析

　　产品联合分析就是假定创新的产品具有某些特征，并按此特征对产品进行模拟，然后让客户根据自己的喜好对这些虚拟产品进行评价，在此基础上，采用数理统计的方法对每一特征以及特征水平的重要程度做出量化评价。通过产品联合分析，创新人员不仅可以知道哪些属性增加了创新产品的价值，而且还可以知道这些属性必须达到何种绩效。

　　产品联合分析通常由以下几部分组成：①确定产品特征与特征水平，这些特征与特征水平必须能显著影响客户的购买意向；②产品模拟，联合分析将产品的所有特征与特征水平通盘考虑，并采用正交设计的方法将这些特征与特征水平进行组合，生成一系列虚拟产品；③受访者评价，通过打分、排序等方法调查受访者对虚拟产品的喜好、购买的可能性；④计算特征效用，从收集的信息中分离出消费者对每一特征以及特征水平的偏好值，这些偏好值也就是此特征的"效用"；⑤市场预测，利用效用值来预测消费者将如何在不同产品中进行选择，从而决定产品创新的技术方案。

▷▷ 5.4.4　利用质量功能展开图

　　质量功能展开（Quality Functional Deployment，QFD）是指将客户对某种待开发产品的市场需求变换为待开发产品技术说明的过程[21]。该方法促成了目标客户和产品创新人员之间的更好沟通，把"客户之声"有效地转化成"工程师语言"。质量功能展开图（见图 5-9）从客户需求的角度出发，如同透视镜一般了解客户的偏好如何影响产品的特性，该方法能有效防止企业仅因为某些技术似乎有效就予以开发产品的错误行为，质量功能展开图的步骤如下：

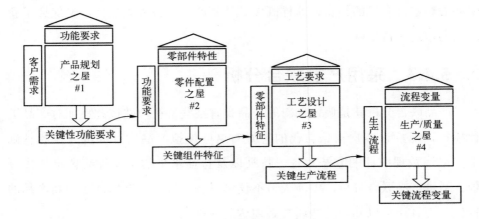

图 5-9　质量功能展开图

（1）产品质量设计：通过市场调查等方法识别客户的需求，通过归纳整理将客户需求转化成为质量特性（产品特性或技术特性），并通过客户竞争性评估和技术竞争性评估，确定为了满足客户的需求以及公司成本要求，产品的技术特性所要达到的最低技术标准——目标值。

（2）零件配置：利用产品质量设计阶段定义的设计要求，从多个设计方案中选择一个最佳的方案，将产品设计要求转换成为关键零件质量特性。

（3）工艺设计：通过矩阵表将零件配置阶段确定的零件特性转换成工艺参数，确保关键工艺参数得以保证。

（4）生产控制：通过生产控制矩阵将工艺参数转换成具体的生产质量控制的方法或标准。

质量屋（见图 5-10）的优点就是它能够非常直观地将各种产品开发所需的信息表达出来，同时还能表达出这些信息的重要程度以及彼此之间的逻辑关系。运用质量屋，产品开发团队的成员能够很清楚地了解本公司产品的市场竞争能力、技术竞争能力；整个开发过程各个阶段所要进行的质量控制的要求；同时也是团队成员之间进行沟通的有效工具。

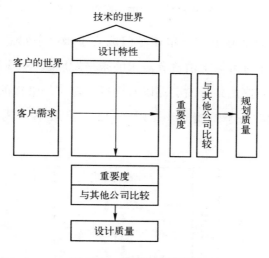

图 5-10　质量屋结构图

通过质量功能展开图，企业可以将市场的需求系统地转换到各功能部件和零件的技术质量上，使"客户心声"完全融入产品设计之中，从而使产品创新的市场拉动战略和技术驱动战略有机地结合在一起。

▷▷ 5.4.5　三星公司的技术与需求组合创新

韩国的三星集团是需求与技术组合驱动实现快速创新的佼佼者。三星集团能发展到现在这样的庞大规模，很大程度上靠的是一套严格而缜密的创新管理流程，如图 5-11 所示。三星的整个创新管理流程是一个不断提出问题又不断自我验证和解答的过程[22]。

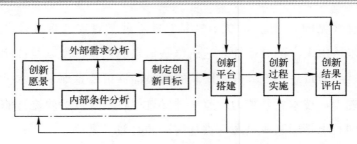

图 5-11　三星的创新管理流程

在前期开发的基础上，三星还专门成立了极具前沿意识的先行研发部门，主要是为了应对市场上消费者需求的未来发展趋势，同时为三星产品更加适合特定市场而挖掘独特的卖点以及进行特定市场潜在的技术开发。尽管三星的技术创新战略不断演变（见图 5-12），但是客户需求一直与之相辅相成。

图 5-12　三星技术创新战略的演变

消费电子产品领域曾经的巨头摩托罗拉"铱星计划"（见图 5-13）的惨败就说明了仅仅注重技术进步来驱动产品创新是不够的，在产品开发过程必须要考虑到最终用户的需求。

■ 美国于 1987 年提出第一代卫星移动通信星座系统。

　㊀ "拷版战略"是指一个企业所生产产品的技术、设计和零部件完全依赖外界供给，该企业就像另一家企业的一个生产车间，只是依样画葫芦地进行组装而已。

- 摩托罗拉公司于 1998 年 11 月 1 日正式开通全球通信业务。
- 1999 年 3 月 17 日，铱星公司正式宣布破产。

铱星计划从现代电信系统设计的角度来看是一个先进的系统，但检验一项产品创新活动成功与否的最终标准是市场，漠视最终用户的需求无法得到市场的认同。

图 5-13　铱星计划

5.5　引领性创新识别创新机会

▷▷ 5.5.1　引领性创新的内涵及特点

引领性创新一般都具有如下两个特点：①都体现各自领域下一代的技术发展方向；②成果得到了产业链各方的支持，商用前景良好。这些特征显示出从事引领性创新的工业企业作为技术创新"领导者"所具备的实力和前瞻性，也是其多年技术研发经验的集中体现。

通过调研，很容易发现国内的工业企业在引领性技术创新上远慢于国外，而且该现象存在于很多领域。对此，业内很多人士这样解释："企业搞研发需要考虑投资收益比，满足客户实际需求是关键，这样才能迅速地把实验成果转化成市场收益。"的确，工业企业不能盲目选择研发方向，但是也不能仅由于某项引领性创新技术当前需求不足、研发投入巨大、前景不被看好就止步不前，只关注而不实际行动。长此以往，企业永远只能成为创新的"跟随者"。

事实证明，"跟随者"可获得一时的收益，但长远必然失败。这就是为什么国内企业在美国上市筹措的资金远不如微软等国外企业，因为没有多少投资人会相信技术"跟随者"可以一直成功下去。

如图 5-14 所示为引领性创新过程。企业要想长盛不衰，需要多个因素，需要对显性需求进行不迭代改进，同时，通过技术研发来引领和适应隐形需求，引领发展潮流的创新，如苹果公司通过研发突破，引领了智能手机的潮流。

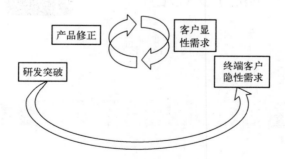

图 5-14　引领性创新过程

实现引领性创新可能遇到市场需求不足、短期难有成果、投资庞大、商业前景无法预测等困难，企业间协同合作是一个解决问题的重要方向。当引领性技术创新的具体研发碰到上述困难时，企业就该考虑摒弃单干思维，多和其他单位合作，只有合作才能共赢，才能优势互补，共担风险，引领技术发展，才能形成国内企业的核心竞争力，在未来全球竞争中成为技术和市场的"领导者"而非"跟随者"[23]。

▷▷ 5.5.2 苹果公司的引领性创新

"苹果"（即苹果公司，下同）和运营商谈判的时候，总会自信地说：所有喜欢 iPhone 的用户都是我的用户，而不是你的用户；尽管客户使用的是你的网络，但他所有的东西都是从我的网站上下载的。其实，无论是计算机还是手持终端，"苹果"都有很强的客户掌控能力，所以"苹果"在与运营商合作时都会表现出强势的姿态。这种掌控能力源于"苹果"产品的引领市场需求的系统化创新，并且始终坚持"永远领先一步"的理念。

"苹果"引领性创新的第一个阶段是依托技术创新，创造性地树立一个具有行业标杆地位的终端。"苹果"就是以这样的方式掌控客户，从而获取整个价值链中的话语权和影响力[24]。在预期"苹果"可以为电信运营商带来大量用户的前提下，AT&T（美国电话电报公司）与"苹果"签署了独家合作协议，只要是通过捆绑 iPhone 而新增的用户收入，AT&T 便与"苹果"共享。这种模式开创了终端厂家与运营商收入分成，并且分成比例高达3∶7 的先例，同时也颠覆了欧美盛行的"手机定制"模式，首次上演终端厂商"定制"电信运营商。值得注意的是，在与 AT&T 合作的过程中，"苹果"占据了强势地位：机身无 AT&T 标志，软件设置完全由"苹果"决定，如 iPhone 的手机音乐设置成支持 Wi-Fi 下载的 iTunes 模式，而非AT&T 的音乐服务模式。

"苹果"的第二个阶段即以运营商价格补贴形式降低终端进入的门槛，吸引更多用户，并通过"苹果"的 APP Store 获取长期盈利。此阶段的核心是"苹果"领先竞争对手一步，创建的网上应用商店模式。"苹果"通过APP Store 开放下载平台，让用户在此平台上付费下载各种音乐和应用软件，收入则由"苹果"与内容提供商和应用开发商分成。"苹果"通过建立利益驱动的合作共赢机制，既为用户提供了越来越多更具吸引力的应用和服务，也为合作伙伴和自身带来了巨额财富。在此模式中，"苹果"在价值链上的影响力和话语权同样很强，它掌握了价值链的两端，上游是自由软件的开发者、音乐厂商，下游则是用户。

第三个阶段，"苹果"正式发布了移动互联网广告发布平台 iOS 与 iAd，通过这 2 个平台与 App Store 的衔接，"苹果"正式从应用的 Web 发行迈向广告的 Web 发行。这个模式将以移动互联网广告发布平台为盈利点，在各类终端上发布广告，这也将令"苹果"与"谷歌"在互联网广告发布领域发生正面较量。

通过分析，可以看到，"苹果"创新模式的成功在于：基于产品的差异化定位形成覆盖消费电子领域的完整的生态系统、技术上的不断创新和商业模式的不断创新，永远领先竞争对手一步，引领市场需求，形成对产业链的话语权和掌控力，从而在合作中赢得主动，获得快速且可持续的发展。

参 考 文 献

[1] 杨梅.油气生产企业开放式运营管理研究——以苏里格气田为例[D]. 西安：西安石油大学,2013.

[2] 李垣，汪应洛. 关于企业技术创新模式的探讨[J]. 科学管理研究，1994(1):42-45.

[3] 赵玉. 企业技术创新动力研究[D]. 哈尔滨：哈尔滨工程大学，2002.

[4] 王元，朱金海. 科技创新与产业升级——2011 中国工博会论坛演讲文稿摘编[M]. 上海远东出版社，2012.

[5] 马勇. 产品创新的市场拉动与技术驱动战略[J]. 商业时代，2007(4):27-28.

[6] 赵文燕，张换高，檀润华，何桢. TRIZ 在管理流程优化中的应用[J]. 工程设计学报，2008(2):79-85.

[7] 娄永海. 基于 TRIZ 理论的企业商业模式研究[D]. 长春：吉林大学，2009.

[8] 武福华. 利用 TRIZ 技术进化法则破除专利壁垒[J]. 创新科技，2012(5):16-17.

[9] 宋保华. TRIZ 理论中的技术系统进化原理[J]. CAD/CAM 与制造业信息化,2004(7):95-95.

[10] Ikovenko S，Litvin S，Lyubomirskiy A. Basic TRIZ Training Course[M]Boston：GEN3 Partners，2005.

[11] 陈静. 研究应用技术路线图助推政府科学决策[J]. 决策与信息（下旬刊），2013(6):24-25.

[12] 马天旗. 专利分析——方法、图表解读与情报挖掘[M]. 北京：知识产权出版社，2015.

[13] 罗怡静. 基于隐性需求的产品设计方法研究[D]. 南京：南京航空航天大学，2009.

[14] 罗永泰，王丽英. 论城乡公共产品的隐性需求开发与有效供给[J]. 中央财经大学学报，2006 (10):1-5.

[15] 罗永泰，卢政营. 需求解析与隐性需求的界定[J]. 南开管理评论，20069(3):22-27.

[16] 刘连连. 隐性需求的分类与识别[J]. 市场周刊(理论研究)，2009(5):58-59,43.

[17] 孙建华. 隐性需求内涵解析及其与企业营销创新激活[J]. 商业时代，2010(36):26-27.

[18] 李光斗. 品牌拜物教[M]. 上海：复旦大学出版社，2009.

[19] http://www.educity.cn/se/113754.html.

[20] http://wenku.baidu.com/link?url=9rUoFW2k0tnEtTuopVdh_PTJPKh2KmQftvJUOxWt sPHgAOc_-NkVA9GrPfnAY3i-1_UgzqB7U00tnEvFpFRW2lMwrChoiMm2dLlNsV-46vG.

[21] 刘鸿恩，张列平. 质量功能展开(QFD)理论与方法研究进展综述[J]. 系统工程，2000(2):1-6.

[22] Sangmoon Pard，Youngjoon Gil. How Samsung Transformed Its Corporate R&D Center ［J］. Research Technology Management，2006(7):24–29.

[23] http://blog.sina.com.cn/s/blog_64e5158f01019s2a.html.

[24] 马新莉. 苹果正从技术创新走向商业模式创新[J]. 商学院，2010(6):46.

6

6 产品研发设计创新技术体系

　　中国的制造业总体处于生产和组装两个产业环节，是产业链的最底端。与发达国家相比，中国的产业价值曲线成"苦笑"形。目前，中国绝大部分制造企业技术开发和创新能力相对薄弱，缺乏技术创新的机制和体制，尚未成为技术创新的主体，原创性技术和产品甚少，自主开发能力薄弱。这使得制造业在很多技术上过度依赖国外，企业只能以价格竞争作为手段，大大降低了企业的利润率，不利于民族工业企业的发展壮大。因此，为了使中国制造业走向"微笑"曲线，必须全面增强制造业的自主创新能力，提高产业技术水平[1]。研发设计创新体系建设是解决企业创新能力的关键。没有优秀的产品研发创新体系，就不可能有强势的创新能力。因此，必须从中国的基本国情出发，充分借鉴国际经验，不断强化创新意识，在创新目标、创新方式、创新机制、人才培养等方面，努力探索出一条具有中国特色的自主创新之路。

6.1　产品创新总体架构

　　企业为了完成研发模式的迅速转变，必须健全研发体系的建设。从某种意义上讲，研发体系建设决定了企业的研发能力，决定着企业的核心竞争力。图 6-1 是研发设计创新体系的总体架构。

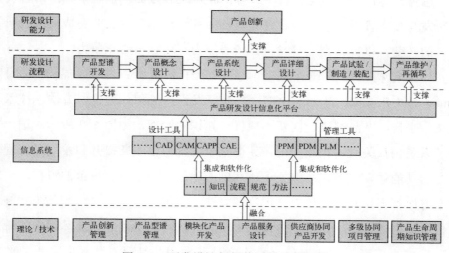

图 6-1　研发设计创新体系的总体架构

从图 6-1 中可得到如下信息：

（1）研发技术处于一个基础地位，由一些基本的理论和方法研究组成，包括：产品创新管理、产品型谱管理、模块化产品开发、产品服务设计、供应商协同产品开发、多级协同项目管理、产品生命周期知识管理。

（2）研发系统：研发技术通过融合和集成形成一系列研发知识、流程、规范和方法，通过软件化形成管理和设计工具系统或平台，如 CAX、PLM、PDM 和 CRM（客户需求管理）等。这些系统和平台就构成了精益产品研发设计信息化系统的基本要件。

（3）研发生命周期：研发信息系统可以全面支撑产品研发生命周期中的各个研发过程，最后形成产品研发设计。研发生命周期包括：产品型谱开发、产品概念设计、产品系统设计、产品详细设计、产品试验、产品制造装配等。

（4）研发能力：产品研发设计体系最后形成产品创新。整个过程最终提高了企业的整体研发能力。

总体目标：经过理论、技术、方法和系统等方面的基础研究，培育优秀的研发与技术管理人才，结合企业研发实践活动，助力企业完成向现代研发模式的转变，以提升企业研发设计核心能力，增强核心竞争力。

体系结构：研发设计创新体系四个子系统为：集成产品开发团队（Integrated Product Team，IPT）；产品研发设计流程；理论、方法、技术、系统与平台；产品型谱、创新、项目、知识的管理，如图 6-2 所示，这个四个子系统相互关联、相互作用，使得整个系统得以不断提升和发展。流程是研发活动的体现，在体系中处于最基础的地位。如果没有规范的流程，其他三个方面都无法发挥其效力。理论、方法、技术、系统、平台则是为实施研发任务提供的工具，是研发体系的实现人的活动的手段。研发体系中的管理是研发体系正确运转的保障。集成产品开发团队是研发体系中最重要的因素，处于核心地位。

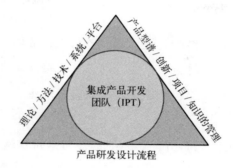

图 6-2 研发设计创新体系的四个子系统

6.2 面向产品生命周期的创新流程

面向产品生命周期的创新流程包括 6 个阶段：产品规划、概念开发、系统级设计、详细设计、试验验证、产品推出[2]。

1. 产品规划

产品规划是指产品规划人员经过调查研究，在了解市场、客户需求、竞争对手、外部机会与风险以及市场和技术发展趋势之后，结合公司现状和发展方向，制定出把握市场机会并满足消费者需求的产品的愿景以及实现该愿景的战略、战术的过程。产品规划涵盖产品各类结构、产品系列化、各机型定位、产品长度宽度、产品生命周期等。

2. 概念开发

概念开发阶段的主要任务是识别目标市场的需要，产生并评估可替代的产品概念，为进一步开发选择一个概念。概念是指对产品形状、功能和特性的描述，通常附有一套专业名词、竞争产品分析和项目的经济分析。产品的概念开发是产品设计过程中最重要、最复杂同时又是最活跃、最具创造性的设计阶段，产品概念开发对产品最终价值有着 80% 以上的影响。

3. 系统级设计

系统级设计包括产品结构定义、产品子系统和部件划分。通常在此阶段定义生产系统的最终装配计划。产品几何设计、每一个产品子系统的专门化功能、最终装配过程的基本流程图通常在该阶段产生。

4. 详细设计

详细设计内容包括产品所有非标准部件与来自供应商的标准部件的尺寸、材料和公差的完整明细，通过建立流程计划为每一个待制造的部件设计工具。该阶段的输出文件是产品的控制文档，内容不仅包括部件几何形状和制造工具的图样和计算机文件、购买部件的清单，还包括产品制造和装配的流程计划。

5. 试验验证

试验验证阶段的工作包括构建和评估产品的多个生产前版本。早期 α 原型通常由生产指向（Production-intent）型部件构成，这些部件和产品的生产版本具有相同的几何形状和材料内质，但不必在生产的实际流程中制造。早期 α 原型需要被测试以判断产品是否能像设计的那样工作，以及产品是否能满足客户的需求。后期 β 原型通常指由目标生产流程决定的部件。β 原型不仅需要被广泛地内部评估，还要在客户使用环境下进行典型测试。β 原型通常解决绩效和可靠性问题，以便识别最终产品的必要变化。

6. 产品推出

在产品推出阶段，使用规划生产系统制造产品。试用有两个目的：①培训工人；②解决在生产流程中遗留的问题。有时把在此阶段生产出的物品提供给有偏好的客户并仔细对其进行评估，以识别出一些遗留的缺陷[3]。

6.3 产品研发设计理论

▷▷ 6.3.1 产品研发设计的公理化理论

公理化设计（Axiomatic Design Theory，ADT）在产品设计领域有重要的影响，是由美国麻省理工学院机械工程系 Nam P. Suh 教授提出的。公理化设计的四个主要概念是：域（Domain）、层次（Hierarchies）、曲折映射（Zigzagging）和设计公理（Design Axioms）。其核心思想是多域映射，即把设计活动分为客户域（Customer Domain）、功能域（Functional Domain）、物理域（Physical Domain）和过程域（Process Domain）[4-6]。用户域代表用户关心的目标，用客户需求来代表。功能域代表设计方案的功能需求，用功能需求来代表功能需求之间要满足的约束。物理域描述设计方案的设计参数，过程域表达用于实现设计参数的流程变量。域的结构及域间的关系如图 6-3 所示。

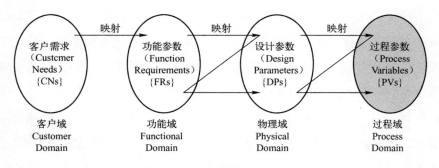

图 6-3　域的结构及域间关系

左侧的域是"要达到什么目标"（What），而右侧的域是"选择什么方式来实现左侧域的要求"（How）。四个域中的元素分别为：客户需求项（Customer Needs），表示客户使用产品的目的；功能需求项（Functional

Requirements），表示在功能层次上对产品设计目标的说明；设计参数（Design Parameters），表示实现功能的载体；过程变量（Process Variables）表示制造过程所涉及的主要因素。

公理化设计理论中产品的设计过程是自上而下，顶层概念设计经过逐层曲折（Zigzag-ging）分解直至设计细节。要做出正确的决策，在分解和映射的过程中，必须遵循两个基本公理——独立性公理和信息公理。

（1）独立公理：指保持 FRs 的独立性，同时指明了 FRs 与 DPs 之间应有的关系。这就是说，设计方案必须满足每一个相互独立的功能需求，而不影响其他的功能需求，即 DPs 不能与其他的 FRs 存在牵连关系。

（2）信息公理：指在满足独立性公理的条件下，信息量最小的设计是最优设计。对于同一个设计任务，不同的设计者可能得出不同的设计方案，也很可能这些方案都满足独立公理，在评价时应以具有最少信息含量的设计为最好设计。

▷▷ 6.3.2　全球化产品开发理论

全球化产品开发（Global Product Development，GPD）就是使产品开发过程的财务和运营效率最大化，以更好地满足增值与成本的匹配，且这各个开发活动是分散到世界多个地区的产品开发活动的总和[7]。这里有从全球化制造、运营和维护过程的活动，到满足产品变更和更新的支持性活动。GPD可以缩短产品上市时间和过程周期、降低产品开发成本、最大限度地提高生产效率、提高产品质量、推动创新和优化运作效率，同时减轻风险，已经迅速成为产品开发的下一代惯例。在国际竞争、新的市场机会、数字化和网络化连接和全球范围内低成本的技术工程人员带动下，各国企业正在迅速采用GPD。

尽管 GPD 刚刚取得主流的注意，企业界已经迅速采用新的产品开发战略，试验各种模式，并正在转入更多的全球化运作之中。近期由竞争越来越激烈的商业环境促成的发展直接导致了 GPD 作为重要的业务创新举措出现，这些产品开发战略包括以下几种：

（1）离岸外包。随着成本不断攀升，企业组织已开始将业务进行离岸外包，以利用低成本的人才和获取特殊的外部专业技能。通过离岸外包，企业能提高运营效率，并释放内部设计资源，使其专注于创新工作，从而创造财务收益。

（2）合并和收购。起伏不定并且通常虚弱无力的经济形势与雄心勃勃的企业发展战略结合起来，已使得合并和收购成为再平凡不过的事情，而且已使企业组织能够立即在国外市场站稳脚跟。

（3）新兴市场。在过去的几十年中，全球各地的政局和政权快速改变，这刺激了新兴市场的发展，因而要求制造商了解并满足全新的各种不断变化的消费者需求。

从表面上看，全球化产品开发看似是应对这些发展并利用相关机会的理想方法，但是，即使出现了数字化工作产品（如 CAD 模型）、高速 Internet 连接和工作流程自动化软件（使共享复杂的信息资源成为可能）等飞速发展的技术手段，企业仍必须克服一些重大的挑战，之后才能完全和无缝地集成产品开发过程以及成功实施 GPD 战略。当前，GPD 遇到的常见挑战主要有以下几种：

（1）使分散进行的设计起作用，允许同时开发不同的设计元素，并且同步这些集体工作，同时最大限度地减少产品集成问题。

（2）将协作扩展到整个企业内部和企业之外，确保信息顺畅地流动到防火墙内外参与设计的有关各方，以便最大限度地提高工作效率。

（3）安全地共享数据，确保在内部和/或外部参与设计的有关各方之间共享重要的专有信息时，其安全性不受损害。

（4）管理复杂的项目群，改善对项目群状态的了解，以便能做出更好、更明智的决策。

（5）在整个生命周期中管理变更，确保在整个设计过程中迅速与受影响的有关各方共享所有变更，从而避免在下游生产阶段中发生代价高昂的变更。

（6）利用可扩展的性能，允许在全球各地快速访问最新的产品数据。

▷▷ 6.3.3　产品服务设计理论

随着消费者对服务内容、质量需求的日益增多，竞争激烈的制造业将其经营领域向服务业延伸，通过服务进行产品增值已经成为企业发展的必经之路。在当今的韩国市场，三星、LG 一类的企业已经从注重生产和销售产品，转向对与产品相关的前期展示、后期修理服务等方面投入大量的人力、物力、财力，从而提升品牌，同时盈利方面实现质的飞跃。

产品服务系统最大的特点就是将产品与服务有机地结合在一起，共同实现某种功能，满足消费者的需要，区别于单一用产品来实现功能的传统观点。同传统的物质产品一样，产品服务需要通过科学的方法和工具进行设计和开发，才能保证在后续的运营中实现成本的降低和利润及投资回报率的增加，同时也是创新产品服务型商业模式的重要基础。

产品服务系统设计可以被看成新形势下的一种创新策略转变的结果，企业从单纯地设计、销售"物质化产品"，转变为提供综合的"产品与服务系统"，从而更好地满足人们的特殊需求。企业的重点将不再是靠大量销售产品来盈利，而是凭借给人们提供一种需求得到满足的"幸福感"来获得发展空间。产品服务系统设计可以简单分为以下三种类型[8]：

（1）面向产品的服务（Product-oriented Services）：保证产品在整个生命周期内完美运作，并获得附加值，如提供各类产品的售后服务，包括维修、更换部件、升级、置换、回收等。

（2）面向结果的服务（Result-oriented Services）：根据用户的需要提供最终的结果，如提供高效的出行、供暖、供电服务等。用户无须自己购买或拥有产品，也不用担心维护、保养等问题，甚至无须自己操作产品即可享受到最佳的服务。

（3）面向使用的服务（Use-oriented Services）：给用户提供一个平台（产品、工具、机会甚至资质），以高效满足人们的某种需求和愿望。如汽车租赁，用户只须根据双方约定，支付特定时间段内使用消耗的费用就可以使用产品，但无须拥有产品。

6.4 产品研发设计的管理

▷▷ 6.4.1 产品创新管理

企业要形成持续竞争优势，就必须快速、高效地进行产品创新，从而缩短开发周期，提高产品质量，增强产品自主创新能力，提高新产品市场竞争力和企业的核心竞争力。产品创新管理是在发展新技术、新产品和新流程的过程中将产品创新组织化、科学化，降低风险和成本，提高产品创新成功率的各种方法和机制。它致力于改进产品型谱，管理和发展新产品，以在这个快速发展的、全球化的、科技进步的世界中满足客户的需求。目前，企业对内部的产品创新管理问题十分重视，但是却缺乏一套正确的产品创新管理方法；或者产品创新管理模式单一，机械照搬，不能适应现代企业竞争环境；或者有技术引进措施，无创新管理体系，导致企业缺乏长远竞争力[9]。

根据产品创新原理，产品创新管理应遵循以下原则：

1. 层次性与整体性原则

● 产品创新管理必须是从抽象到具体，从简单到复杂，逐层分析，层层建立评价、优化、决策的方法机制。

● 产品创新必须注意子目标与总目标的一致性，遵循由上到下、从整体到局部的管理决策次序。

2. 目的性与开放性原则

● 制定目标的过程就是产品创新的过程，其目标就是功能规划和成本设计所得出的功能成本目标。

● 对外开放，关注环境变化；对内开放，推行并行工程。

3. 稳定性与突变性原则

● 一个稳定的创新环境，包括内部的开发机构和组织体系。

● 倡导活跃思维，具有预防突变的功能。

产品创新管理模式实际上是企业在既定的产品创新过程中，在创新目标的指导下所采取的一种过程管理方法。企业产品创新状况由内部创新能力、外部环境、创新决策等因素决定。任何一个企业都不可能通过单一的管理模式来满足多种创新状况的需求。因此企业必须选择与产品创新过程相适应的管理模式才能取得创新的成功。常见的产品创新管理模式有以下几种[10]：

（1）功能顺序管理模式。功能顺序管理模式建立在明确的职责分工基础之上，在产品创新时制订严密细致的计划，把整体创新任务划分成多个明确具体的子任务，对应到不同的职能部门和开发者，各个职能部门保持相对独立，当一个职能部门完成创新阶段的子任务后，下一个子任务的职能部门才开始工作，不同的职能部门只在创新各个阶段开始和结束时有接触，整体的过程是顺序串行展开的。

（2）集中管理模式。集中管理模式是将企业产品创新的任务集中到企业另行设立的相对独立、完整的产品开发中心，它有自己的领导并对产品创新项目享有直接、充分的指挥权，成员来自于企业的包括设计、工程、生产、市场营销等部门在内的不同职能部门，但这些创新人员及研究中心的工作不再受各部门经理的直接影响。

（3）集成管理模式。集成管理模式实质上是将集成思想与企业产品创新管理实践相结合的过程。行为上以集成机制为核心，方式上以集成手段为基础。通过科学而巧妙的创造性思维，从新的角度和层面来对待各种创新要素，提高各项创新要素的交融度，促进各项要素之间功能和优势的互补、匹配，使创新整体产生 1+1>2 的效果，从而使企业的产品创新获得成功。

（4）合作创新管理模式。当企业进行产品创新时，与其他企业或科研院所合作完成，这种联合创新行为所采用的管理方法就是合作创新管理模式[11]。

▷▷ 6.4.2　产品型谱管理

产品型谱管理的概念来源于金融领域，到 21 世纪初，产品型谱管理打破了金融和信息化系统的局限，在各行业中被广泛应用。没有有效的产品型谱管理，面对众多项目时，不能准确地识别出收益最大的项目，不能按照优先级别来执行项目，只能将现有项目添加到执行列表中按顺序执行。这在总体上没有将项目按照优先级别排序，导致企业计划没有重点。其直接结果是项目过多，分配给项目的人员和资源不足，同时好的项目缺少资源，错误项目被选择，实施质量也得不到保证，无法与企业战略保持一致。最终，漫无目的的努力加上没有对主要新产品项目的大力投资保证，必将产生很多令人失望的结果，导致很差的新产品绩效[12]。

产品型谱管理是一个让产品项目不断更替的动态决策过程，过程中的项目永远处于被评估、选择和排序中，项目可能被提升、取消或者降级；资源被一次次地重新分配；伴随这个动态决策过程的往往是不确定和变化的信息、动态的机会、多重的战略目标、互相关联的项目以及多个决策者等。产品型谱管理过程包含的是一系列的业务决策流程，如周期性地进行项目评估、进行通过/不通过决策、新产品战略的评估以及执行战略资源的分配。

型谱管理的三大目标为：型谱价值最大化、达到型谱的平衡、企业战略与型谱项目平衡[13]。型谱管理的五大阶段如下[14]：

（1）范围规划，即项目和市场前景技术价值的快速和简单的评估。

（2）构建商务场景。这是核心阶段，在此阶段执行或者中断项目。技术市场可行性定位于以下三个主要组成部分：产品和项目定义、项目合理性和项目计划。

（3）型谱开发。前一阶段转化成具体的行为时，项目发展活动产生，即绘制制造操作计划、开发市场投产和执行计划、定义下一阶段的检测计划。

（4）型谱检验与确认。本阶段的目的是确认整个项目生命周期：产品本身、生产过程、客户接受度和项目经济。

（5）型谱执行。产品的商品化——全产品和商业化投产的开端。

目前，型谱管理流程有 2 个不同的趋势：门径主导型（the Gate Dominate）一般多用于有明晰的门径管理流程的公司；型谱评估主导型（the Portfolio Reviews Dominate）是动态变化的，更适合于快节奏的公司，如软件公司、信息化系统、电子公司。

▷▷ 6.4.3　产品研发设计项目管理

项目管理的目的是把各种知识、技能、手段和技术应用于项目活动之中，以达到项目要求。项目管理就是组织为实现项目目标所必需的一切活动的计划、安排与控制。要想满足甚至超越项目涉及人员的需求，需要综合考虑以下这些相互间有冲突的要求[15-17]：

（1）范围、时间、成本和质量。

（2）不同需求的项目涉及的人员。

（3）已明确表示出来的要求（需求）和未明确表达的要求（期望）。

项目管理知识体系主体和项目管理过程如图 6-4 所示。

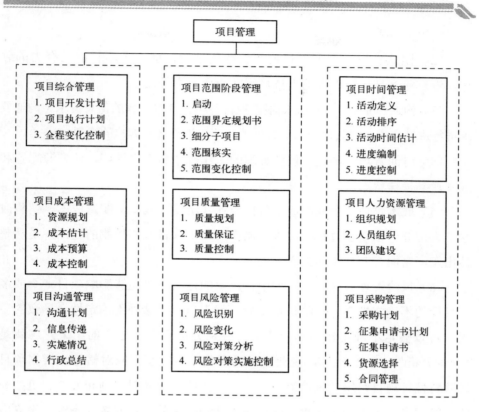

图 6-4 项目管理知识体系主体和项目管理过程

企业面临着不断变化的客户需求，新产品研发设计日益成为企业成功经营的核心。持续推出成功的新产品将使企业保持活力，发展成为市场的"常青树"。然而，研发项目的失败率很高，使得企业不得不对产品研发设计项目管理慎重对待。产品研发设计项目管理的关键因素包括项目计划、团队建设、沟通、时间管理、成本管理、风险管理。

（1）项目计划。在进行产品预研和立项之前应该做好充分的调研工作，包括市场可行性调研、技术可行性调研、经济及成本可行性调研、知识产权调研等。一个完整的项目计划包括清晰的目标、资源、成本、质量、时间进度、完成标志、任务名称、层次及其分解、上层任务的约束、下层任务的配合、阶段里程碑等。

（2）团队建设。许多项目最终失败的原因，就在于项目缺乏有力的领导，没有得到高层管理者的支持，团队协作不力等。

（3）沟通。企业不仅要定期根据项目各相关利益主体的信息需求、沟通要求进行进度交流、绩效报告和信息处理，还应当重视与客户的沟通。

（4）时间管理。确定、调整合理的工作排序和工作周期，使资源配置和成本达到最佳状态。

（5）成本管理。企业的成本包括设计（研发）成本、制造成本、销售成本三大部分。以研发过程的成本控制作为整个项目成本控制的起点，是从整体出发，全面控制成本的关键。

（6）风险管理。在项目管理中，风险的定义是"能够影响项目一个或多个目标的不确定性"。风险识别以后，就应当考虑这种不确定性会导致的后果。可以假定不确定性的几种情况，分别分析它们会导致的结果，这就是"情景分析"方法。然后，企业就可以为各种情况制定应对措施。根据项目风险特性、项目组织抗风险能力、可供选择的风险应对措施和办法、机遇和威胁等因素，采用购买保险、制订应急计划、从外部获取各种资源、设立应急的不可预见费用、制订可代替的项目总体方案或具体实施方案等。

▷▷ 6.4.4　产品生命周期知识管理

产品生命周期中的知识可以由五个方面来描述：产品生命周期信息、产品生命周期标准知识、产品生命周期路线中的知识、选择的产品生命周期知识、产品生命周期战略知识。过去产品生命周期管理主要集中于制造和减少产品成本，企业大多没有意识到。他们产品生命周期的知识架构的功能限制了产品研发人员的构思，需要将产品知识管理应用到产品生命周期管理中。产品生命周期知识管理流程应包括一系列活动，如表现、捕捉、组织、分享、学习、采用、再创造知识[14]。美国斯坦福大学的国家研究机构的研究人员 Szykman 和 Sriram 全面调查和分析了基于知识的技术在产品设计和研发中的应用，包括产品知识再现、设计原理、产品知识存储、产品知识的获取。Szykman 等人也认为，下一代产品全生命周期管理的知识管理包括下面四个部分[18]：

➤ 产品研发知识的全面表现。

➤ 传统工程软件和基于知识的软件的整合。

➤ 产品设计案例查询机制。

➤ 设计合理性和冲突解决。

完整生命周期包括产品战略、设计、装配、分发、维护、回收机制以及这些步骤之间的关联，这些流程有不同的参与者。因此，产品生命周期非常复杂，而知识管理能从外部资源中的有价值信息中获取知识，将知识存储在文档和数据库中，并将知识运用到产品研发和服务中，使这些知识在整个组织中共享，促使系统中知识的增长。这就需要综合运用产品全生命周期管理和知识管理的理论、方法和技术成果，从分析产品不同生命周期阶段知识类型和特征出发，研究不同阶段知识的转化方式、方法，理顺产品生命周期中不同阶段知识的内在传递机制和协同机制，为产品生命周期知识建模提供一个逻辑严密、开放性强、结构紧凑的新技术、新方法框架。产品生命周期知识管理的研究内容主要包括以下 5 点：

（1）产品生命周期各阶段的知识特征、差异及传递机理和规律。基于 5W1H（Who、What、Where、When、Why、How）分析方法和产品生命周期理论，分析产品生命周期各阶段的知识特征，研究知识在不同阶段的传递规律和机理。

（2）各阶段各类型知识的协同机理和方法。分析各阶段知识协同的需求和协同知识的来源，将协同工程、集成产品开发理论、方法、技术应用到知识协同中，研究知识协同的目标、对象、时间、位置等关键因素，建立面向产品生命周期的知识协同机理。

（3）基于超网络的隐性知识的表达、获取、传递和转化。根据产品生命周期中不同阶段的隐性知识来源，建立人与人、人与组织、人与知识、知识与知识、知识与业务流程的超网络传递模型，提出并评价隐性知识的表示、获取、传递和转化方法。

（4）生命周期的知识传递模式及建模新理念、新方法。基于产品生命周期各阶段业务活动之间的内在关系，提出产品生命周期知识传递模式，即知识流（Knowledge-flow）的建模方法，基于工作流（Work-flow）技术，以知识需求为驱动，研究知识在人与人、人与组织、组织与组织、人与业务流程、业务流程与业务流程、业务流程与组织之间的传递模式以及相应的建模方法。

（5）产品生命周期知识管理系统的构建与集成方法。基于"系统的系统"、本体、工作流、机器学习、面向服务的软件体系架构、基于模型驱动的体系架构等理论与技术构建与客户关系管理系统、产品全生命周期管理系统、企业资源规划系统、供应链管理系统、人员系统、组织系统等各业务系统集成的知识管理系统，最终实现整个企业知识的获取、共享、融合与应用。

6.5 集成产品开发团队

对于产品研发过程而言，开发团队的有效建立与运作是个关键问题，通过有效的团队组织和运作，才能够保证开发任务的有效进行、资源的充分协调使用。建立在履行多种任务、行使内部控制的工作团体基础上的企业，经常能够超越以个人、单一任务和受外部控制为基础的组织形式。

集成产品开发团队（IPT）是企业为了完成特定的产品开发任务而组成的多功能型团队，它包括企业内部来自市场、设计、工艺、生产技术准备、制造、采购、销售、维修、服务等各部门的人员，有时还包括企业外部客户、供应商或外协厂的代表。团队的成员优势互补，为了共同的绩效目标共同承担责任。集成产品开发团队可以加强产品生命周期各阶段人员之间的信息交流，促进他们的协同工作[19]。

IPT 的内部运作必须有一个不断协调的协同工作环境。每个团队成员代表本专业部门参加到 IPT 中来，团队成员之间相互了解工作进度，不断沟通和协调，出现问题随时解决。IPT 可以不要求团队成员必须在同一个封闭的物理空间中工作，但必须有一个逻辑上的虚拟协同工作环境。团队成员可以一方面在自己专业部门内工作，拥有良好的专业支持环境，另一方面在同一个工作数据库中工作，相互了解、相互协作。人们有能力决定自己的行为方法，而且团体内部控制比主管的外部控制更加有效，这就是 IPT 能产生高质量、高效率的根本原因。

协同产品开发要求各合作方在产品研发进度、工作方式、跨企业间业务流程环节及时传递各种信息，并希望各供应商能够尽量在相对统一的信息系统平台上实现业务协同。集成产品开发团队打破原有组织边界，以协同工程思想和生命周期产品开发思想作为指导，按照产品功能结构及其所处层次，从不同企业抽取相关人员，在适当产品生命周期环节加入客户以及最终用户，形成以实现产品功能为目标、跨企业边界的组织形式。

产品研发模式：全球化浪潮背景下，原有的集中式、单一厂商独立产品开发方式向由主制造商主导多供应商共同参与合作开发方式转变。从战略管理层面看，当前以及今后最主要的新产品研发方式为供应商与主制造商紧密合作。全球化产品开发（Global Product Development，GPD）与协同产品开发（Collaborative Product Development，CPD）作为多供应商参与的异地式多研发中心同步开发模式，已经在越来越多的新产品开发项目中所采用。

企业间协同模式：借助信息化网络，通过企业间的信息与资源共享，最终实现产品研发过程中跨地区设计、生产、营销、售后服务等多方面业务的协同，需要在项目正式开始之前，由主制造商与供应商共同确定企业间协同模式。虚拟企业联盟（Virtual Enterprise，VE）是近年来被广泛研究的主流

135

企业间协同模式。

协同支撑技术：CPD 要求各合作方在产品研发进度、工作方式、跨企业间业务流程环节及时传递各种信息，并希望各供应商能够尽量在相对统一的信息系统平台实现业务协同。从信息传递的方式来看，根据信息协同化程度的不同，协同分为五个层级：交流、聚集、合作、协调、和谐。实现更高层次的协同，需要借助于各种计算机辅助技术手段。计算机支持的协同工作（Computer Supported Collaborative Work，CSCW）是实现伙伴间协同的主要信息化技术手段。

6.6 产品开发层次结构

在 20 世纪末，随着世界经济格局的变化以及信息技术的发展，企业的产品管理发生了重大的变化。根据各研究机构的调研结果，企业未来产品开发共分为五个阶段（见图 6-5），最底层是规范化，最高层是最优化。下层的阶段都是上一阶段发展的基础，只有本阶段取得了成功，才可能进入下一个更高的层次。

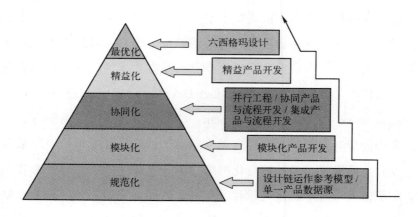

图 6-5　产品开发层次结构

▷▷ 6.6.1 规范化

产品研发设计是一项复杂的活动，它不但涉及技术人员，还涉及管理层的活动。它每一个细节的执行都关系到产品开发的产出。然而，研发设计活动却又是一种多智力参与的活动，所以更增添了研发设计管理的复杂性。产品开发是否能够成功，与企业的技术基础、开发人员的素质、依据的流程密切相关。据有关研究机构统计，产品研发中出现的问题，以流程问题居多，对一些关键性的活动没有定义流程、规范，没有制定相应的操作模板。例如，需求没有经过评审，需求的制定没有充分的信息输入，设计时没有充分考虑制造的问题以及物料采购的问题，也没有成本分析，没有规范的评审。

产品研发设计规范化就是指企业的研发活动及其管理都做到了基本的标准化和规范化，研发活动有据可依，按序执行[20]。

目前，关于规范化的产品研发活动工具主要是设计链作业参考模型（DCOR），该模型将设计链划分成计划（Plan）、研究（Research）、设计（Design）、集成（Integrated）和改善（Amend）五个管理流程。五大流程可以涵盖企业基于设计链上的大部分活动。从设计链前端的客户到后端的制造商，都涵盖在内，并包含相对应的企业运营策略、设计成员布局、设计作业分工与信息流的管控。其中，研究、设计与集成有先后顺序的关系，改善流程的时间点与集成相同，计划流程则关系到其他四个管理流程的管控功能。DCOR 的流程能有效地延伸与集成企业的供应商与客户及供应商的供应商与客户的客户。DCOR 模式采用系统化的层级式架构和流程定义，可以分为设计链营运模式、设计链协同模式、设计链流程模式和设计链作业模式四个层次[19-21]。

1. 设计链营运模式

第一层是设计链营运模式，重点在于决定设计链关联成员，并定义各关联成员设计程序。设计链参考模式中包含项目管理（PM）、产品规划

（PP）、概念设计（CD）、详细设计（DD）、设计验证（DR）、设计修改（DA）六个设计作业核心程序。

2. 设计链协同模式

设计链协同模式定义设计链成员执行协同设计的协同状态和协同互动关系。它将六个核心程序分成为两大机制——管理机制与执行机制。管理机制将项目管理分成六个协同形态，分别控管设计链的协同设计运作以及其他五个核心流程的设计需求与资源整合管理。执行机制则将项目管理之外的五个核心流程分为三个协同状况：买方执行、共同执行、卖方执行。

3. 设计链流程模式

设计链流程模式透过设计链协同模式所定义的协同模式，对应到相应的流程模式。其流程中包含各协同形态的标准流程、输入项目、输出项目。在卖方企划部分包含了五个流程：设计概念形成确认、发展方向研究确认、产品要素研究确认、设计草图产生与产品企划验证，皆由卖方执行企划工作，再由买方确认并加入沟通意见，以完成设计企划。

4. 设计链作业模式

设计链作业模式由设计链流程模式展开，但作业模式因产业特性、企业营运方式等条件而有所不同，因此设计链作业模式只定义作业模式化方法。模式化方法包含了设计链作业情境模式、作业互动模式、信息流运作模式3 种。运用这 3 种作业模式化方法，可以充分展开设计链协同设计的作业模式。

▷▷ 6.6.2　模块化

为使企业在激烈的市场竞争中处于有利地位，必须增强产品创新能力、缩短设计周期和提高用户化程度；同时要降低成本，保证产品质量及良好的售后服务，传统的产品开发方法已无法满足这些要求，定制化的产品将成为未来市场的主要发展趋势。模块化产品开发通过产品结构、设计过程的重用与重组，以大规模生产的成本实现了用户化产品的批量化生产及大规模生产条件下的个性化，使产品在品种与成本、性能之间找到最佳平衡点[22]。

模块化产品是指那些能够通过模块组合而能够完成各种特定功能的产品或系统，其模块有着明显的区别，并能够单独开发。模块化产品开发是以低成本获得产品变形及其可持续性的一个系统过程[23]。

模块化则是指解决一个复杂问题时自上而下逐层把研发活动或产品划分成若干模块的过程。每个模块完成一个特定的子功能，所有的模块按某种方法组装起来，成为一个整体，完成整个系统所要求的功能或目标。模块化产品开发（MPD）是协同化的基础，没有模块就很难做到产品研发的协同或协作。

基于模块化技术的产品平台、产品族的概念产生于大量产品定制之后，目的是解决小批量、多品种定制生产问题。产品平台、产品族已经在航空、汽车、信息等行业以及其他工具、娱乐行业得到了成功的应用，它缩短了这些行业产品的上市周期，降低了成本，提升了经济效益。

产品平台、产品族开发模式最重要的是进行特征、组件和子系统的筛选和建立，通常将具有共同特征、相同组件和子系统的系统称为公用模块。因此，进行产品平台开发模式的改造初期工作量最大的就是模块化的问题。通过合理选择和建立公用模块，进而建立起产品族的设计方式，最后上升到产品平台开发的阶段。公用模块的选择和建立是进行产品平台、产品族设计的基础，它成功与否直接关系到产品平台、产品族设计的效用的发挥。

在完成了产品设计的模块化设计后，应当解决生产制造的模块化设计问题，降低制造成本。生产制造的模块化设计根据需要至少包括两个方面的内容：①工艺装备的模块化设计；②生产设备的组织和生产流程的模块化设计。第一个模块化设计是保证生产用工具的成本最小化，第二个模块化设计是保证生产流程的成本最小化。完成了生产制造的模块化设计后，整个产品族、产品平台的设计框架就基本建设完成了。然后，在此基础上进一步改进和提高，最终就可以达到产品研发的产品平台、产品族的开发模式。

产品平台、产品族的开发模式不但需要理论上的支持，而且需要信息系统的支持，因为产品平台的开发模式需要更多的协同开发工作，没有信息系统的支持，显然是无法提高效率的。

▷▷ 6.6.3　协同化

协同化是指在协同产品开发过程中，分布在不同部门或者分布在不同地区的来自各领域的开发成员针对自己的任务，对整个产品的部分数据对象进行操作。在此过程中，开发成员可能从他人处获取数据，又将自己的处理结果发布出来与有关人员共享[24]。

协同产品开发是一个协同的问题求解过程，其中，协同开发小组成员拥有共同的最终目标并产生一个一致的结果。在该过程中，协同开发小组成员使用各种活动协同工作，并结合多种媒体交换信息。与协同产品开发相关的人员更加复杂，活动的类型更加多样，信息交换的内容更加丰富，使用的媒体更加广泛。协同产品开发成功的关键是如何对各种人员、活动和信息进行协调管理。

协同产品开发中的协调管理主要包括活动级协调和对象级协调两个级别。活动级协调负责调度和安排产品开发过程中各个任务步骤，使群组工作有序进行；对象级协调主要涉及数据对象的信息共享和并发控制，包括数据对象的格式转换、存取方式和访问控制等[24]。对象级协调是活动级协调的基础，活动级协调是管理协同产品开发过程的重点。

协同产品开发的主体是协同开发小组（Collaborative Development Team，CDT）成员和各种设备及软件资源，而这些人和软硬件来自不同的企业和组织，因此，组织结构和资源模型的协作是协同产品开发的前提条件。在协同产品开发中，要求 CDT 成员不分专业领域、所属企业和所在地域协同工作，他们对整个产品开发项目负责。

越来越多的企业正通过业务重组，将不增值或非核心的业务从核心业务中分离出去，更关注核心竞争力，建立跨供应商与合作伙伴的协同开发。产品开发领域经历着同样的变化，如汽车、飞机、计算机等复杂的产品。以汽车为例，据统计，汽车 60%～70%的零部件来自于供应商和合作伙伴。在这样的背景下，企业在开发产品时应采取跨企业的供应链协同合作方式。跨企业的合作开发带来了新的产品开发组织形式、风险的分担、质量的保证等新问题。在协同产品开发模式下，需要针对跨企业合作进行特殊的管理，团队组织模式从在同一地点（Co-location）工作，变为跨企业、跨地域甚至遍布全球的（Distributed）协同工作。根据总目标和所处地理位置组建基于不同子系统产品的团队，在上级团队的领导下，各团队相互配合，产品生命周期的相关人员、部门参加到新的产品开发组织中[25]。

和以前的产品开发模式相比，CPD 一个很大的差异特征在于对 IT 技术的依赖（尤其是基于 Internet 的技术），缺乏 IT 支撑工具，CPD 的各要素很难发挥最优作用甚至根本不可能实现。比如，跨企业、跨地域的协同开发，没有相应的支撑平台就很难实现。CPD 下的支撑系统需要满足以下要求：①能支持整个产品开发的生命周期，包括从产品的概念阶段到生命周期管理阶段；②与如 ERP 和 CRM（客户关系管理）等其他企业应用无缝集成；③CPD 下的支撑工具还需要支持大规模定制，如零部件管理、产品配置等。例如，CPC（协同产品商务）技术能很好地满足这些要求。CPC 系统首先在企业内部和企业与企业之间构建起以广义 BOM 为核心的基础连接，然后在此基础上实现和 CAD、CAM、CAPP、ERP、CRM 的集成，对产品生命周期的每一个阶段提供必要的支持。有些厂商已经在实现大规模定制方面推出相应的支持模块，如 PTC 公司的 DDL、Design Link 等，但协同产品商务（CPC）技术本身还处在不断的发展和完善之中。

现在，关于协同化产品开发的理论与方法主要有并行工程（CE）、协同产品/工艺开发（CPPD）、综合产品与过程开发（IPPD）、协同供应商选择技术、协同项目计划定制技术、协同项目动态管理技术。IPPD 是一种将产品从方案到生产/现场保障的所有活动综合考虑的管理方法，它通过使用多功能小组来同时优化产品及其制造和保障过程，从而达到满足费用和性能目标的目的。

▷▷ 6.6.4　精益化

日本企业和欧美企业在创新管理上有完全不同的思路：欧美企业主要依靠内部的技术开发来进行创新，强调原创性的产品开发；而日本企业则强调内部的知识共享，通过人员的流动换岗，加强研发、销售和生产之间的互动。

日本的企业很了解自己并不擅长创造性的研发，于是通过大量的正式或非正式的手段，获得外部的知识支持，即不断地提高自己的知识获取能力。很多日本企业都建立了有效的、面向市场和制造的研发体系，强调制造是创新的实现场所，研发只有通过设计和制造才能发挥作用。

丰田的精益产品开发体系就是一个学习的产物。

丰田精益产品开发体系有 13 个原则，这些原则可以用以下三个子系统来描述[26]：

（1）流程。大部分企业都有书面化的产品开发流程，精益产品开发体系对书面化的流程不感兴趣，它重视的是实际的流程，即促使信息传递、改进设计方案、完成测试、制造原型样件及交付最终完成品等活动。

（2）高技能员工。这个子系统包括人员的招聘、工程师的培养、领导方式、组织结构及学习模式。这也是很多企业最困惑的一个子流程，因为它隐含一个比较令人难以捉摸的东西：企业文化。

（3）工具和技术。这个系统不仅包括 CAD、机械技术、数字化技术等，还包括在项目开发中的"软工具"，如解决问题的工具、沟通的工具。

这三个子系统相互关联，相互依赖。

精益化产品开发是更高一层次的研发模式。精益产品开发（Lean Product Development，LPD）的提出，不仅是产品制造精益化的延伸，降低了在产品设计中的制造成本，而且消除了产品设计中的浪费，加速了产品上市时间，使得企业产品在竞争中处于有利地位。精益产品开发的实施转变了企业产品研发的管理模式、流程模式和各种工具及信息系统的选择、使用、优化的模式。精益产品开发在企业的思想上是一种挑战，要求企业的一切从客户的利益出发，植入研发是为客户服务的思想。在企业的研发团队和流程组织中，同样要以客户为中心，组织高效的团队从事研发工作，供应商也应有效地组织到产品研发中，设计浪费最小的流程保障研发价值的流动。

新的人才发展模式和知识重用模式，转变了企业盲目招收人才但不注重知识的积累状态，T型人才培养模式和一整套知识的发掘、整理、保存、传承模式，提高了人才的忠诚度和人才的高效使用。采用问题发现和解决的报告模板，使得研发人员很容易理解目前研发中的问题，群策群力解决问题，同时提供了高效交流的方法，改善了以往研发中信息交流不畅的状况。

精益产品研发的实施，需要与之相适应的信息系统配合。但首先要改变企业信息化的思路，以信息系统提升研发水平。向丰田学习为了研发而设计使用信息系统，好的手工工具不一定比信息系统差，但是好的信息工具的使用对企业研发浪费的消除起到了很大作用，具体体现在以下几个方面：

（1）知识管理系统帮助企业有效地管理显性和隐性知识。

（2）虚拟样机的大量使用使得企业减少实体样机，降低了研发成本。同时，虚拟样机便于修改，也减少了研发过程中设计修改的时间。

（3）价值流管理优化系统帮助企业进行价值流分析，发现浪费，降低研发和生产成本。

（4）创新管理和质量管理系统辅助企业在质量最优的前提下更加专注于产品创新的工作。

▷▷ 6.6.5　最优化

最优化是指整个的研发及管理活动做到最优，即企业投入最少、产出最大化。就是按照合理的流程、运用科学的方法，准确理解和把握客户需求，对新产品/新流程进行健壮设计、使产品/流程在低成本下实现最优质量。最优化设计是帮助企业实现在提高产品质量和可靠性的同时降低成本和缩短研制周期的有效方法，具有很高的实用价值。目前，最优化方面的研究主要有六西格玛设计和多学科优化设计[27]。

六西格玛设计（Design For Six Sigma，DFSS）是六西格玛管理核心方法系统之一，DFSS 的应用绝不仅仅局限于对现有业务流程的再造，还广泛应用于新的产品或服务流程的设计，它是六西格玛管理战略实施的最高境界[28]。

若想真正实现六西格玛的质量水准，就必须实施 DFSS。DFSS 是一种实现无缺陷的产品和过程设计的方法。它基于并行工程和 DFX（Design for X）的思想，面向产品的生命周期，采用系统的问题解决方法，把关键客户需求融入产品设计过程中，从而确保产品的开发速度和质量，降低产品生命周期成本，为企业解决产品和过程设计问题提供有效的方法。

DFSS 是按照合理的流程、运用科学的方法准确理解和把握客户需求，对新产品/新流程进行健壮设计（Robust Design）、使产品/流程在低成本下实现六西格玛质量水平，同时使产品/流程本身具有抵抗各种干扰的能力。

DFSS 理论不是在原来流程上的改善，而是对新产品或新流程的设计。六西格玛设计的模式——DMADV 过程每个阶段的工作内容如下：

定义阶段（D）：主要是收集市场和客户信息，找到突破的机会和目标，并且对新产品和新流程进行风险评估。

测量阶段（M）：主要是把市场和客户的信息进行整合和分解。

分析阶段（A）：在分析阶段，将市场和客户的信息进一步细分，并把它们转化为产品和流程必须具有的特性或功能；主要是通过分析研究出高水平的设计，并且通过评估设计能力选择最优的设计方案。

设计阶段（D）：针对产品和流程必须要具有的特性或功能，进行流程设计，包括可预测性设计、可生产性设计、可靠性设计等，得到比较好的实行方案。

验证阶段（V）：对新的产品和流程进行验证，收集数据，以便进一步完善和优化。

六西格玛设计(DFSS)并不是对产品质量的要求越苛刻越好，DFSS 追求的是在最大限度地满足客户需求的前提下，进一步提高产品的稳定性，同时降低设计成本，还应该避免设计过度与客户抱怨。根据客户需求，做出客户损失函数，分析设计目标分布，避免设计目标定得太高而增加设计成本；也要避免为了追求低成本而增加客户抱怨。因此可以简单地说，DFSS 就是真正地理解客户需求，从客户需求出发，设定合理的目标，提高产品的稳定性，降低设计成本。

多学科优化设计：①将设计过程系统化，使设计从一开始起就有全局观，避免设计过程中由于互相不了解而造成设计撞车，从而导致设计更改、浪费时间与经费的现象发生，具体做法是让参与整个系统设计的全部学科的人员都了解其他学科的约束要求和优化目标；②使性能特性设计的过程中贯穿专门特性的设计，即让传统的机、电、控制等设计专业在实现设计的过程中把可靠性、维修性、保障性、安全性、测试性结合起来，贯穿到整个系统设计过程中，从而改变以往未把这些专门特性放在设计过程中进行考虑的现象[29]。

参 考 文 献

[1] http：//www.mei.gov.cn/page/exhibition/shzt/l_shenh_2.html.

[2] 王颖琪. 主题性商业空间的产品体系设计规划研究——2062 新能源主题公园产品体系设计规划[D]. 上海：东华大学，2014.

[3] 梁斌. 奥的斯电梯公司产品开发体系改进研究[D]. 天津：南开大学，2010.

[4] 张友平. 气液润滑喷嘴的 CAE 分析研究[D]. 武汉：武汉理工大学，2007.

[5] Nam P S. Axiomatic Design：Advances and Applications[M]. New York: Oxford University press, 2001.

[6] Suh，N.P，Axiomatic Design of Mechanical Systems[J]. Journal of Mechanical Design，1995. 117(B)：2-10.

[7] Eppinger S D, A R Chitkara. the New Practice of Global Product Development[J]. MIT Solan Management Review, 2006,47(4):22.

[8] 刘新，刘吉昆.机会与挑战——产品服务系统设计的概念与实践[J]. 创意与设计，2011(5):15-17.

[9] 明新国，孔凡斌，王星汉，等. 推进"两化融合"提升产品研发设计创新能力[J]. 上海信息化，2010(1):8-11.

[10] 尤静. 精益产品创新管理技术研究[D]. 上海：上海交通大学，2010.

[11] 谢峰. 科芯生物技术有限公司产品创新管理问题研究[D]. 西安：西北大学，2005.

[12] 沈慧，明新国，严隽琪，符凌维，王星汉. 产品型谱管理技术初探[J]. 机械设计与研究，2008, 24(2):72-77.

[13] 沈慧. 产品型谱评估建模与优化[D]. 上海：上海交通大学，2008.

[14] Cooper，R.G.，S.J.Edgett，and E.J. Kleinschmidt，Portfolio management for new products[M]. McMaster University，2001.

[15] 马国丰，陈强. 项目进度管理的研究现状及其展望[J]. 上海管理科学，2006，28(4):70-74.

[16] 赵成雷. 供应商协同项目进度管理框架[J]. 机械设计与研究，2009, 25(5):49-53.

[17] 王星汉. 面向复杂产品开发的多级供应商协同项目管理研究[D]. 上海：上海交通大学，2010.

[18] 严隽琪，明新国，倪炎榕. 产品生命周期知识管理框架[J]. 机械设计. 2006(8):6-8.

[19] 齐德新，马光锋. 并行工程下的集成产品开发团队[J]. 信息技术，2003(4):67-70.

[20] http://www.chinamdi.org/htm/20080215134952.htm.

[21] 王卫兵，应富强. 协同设计中的设计链作业模式构建[J]. 商场现代化，2008(7):17-17.

[22] Kong F，et al. On Modular Products Development[J].Concurrent Engineering，2009. 17(4):291-300.

[23] 孔凡斌. 面向客户选项的模块化产品开发方法与技术研究[D]. 上海：上海交通大学，2012.

[24] 明新国，孔凡斌，王星汉. 推进"两化融合"提升产品研发设计创新能力[J].上海信息化，2010(1):8-11.

[25] 侯鸿翔.基于产品平台的协同产品开发研究[D]. 天津：天津大学，2003.

[26] Morgan J M，J Liker. 丰田产品开发体系[M]. 北京：中国财政经济出版社，2008.

[27] 冯培恩，等. 机械广义优化设计的理论框架[J].中国机械工程，2000(1):135-138.

[28] Brue G，R G Launsby.Design for Six Sigma[M]. New York：McGraw Hill，2003.

[29] 陈亚洲. 基于粒子群优化的协同优化方法研究[D]. 武汉：华中科技大学，2007.

[30] 李秋林. 中国海外工程总公司项目集成管理研究[D]. 北京：北京交通大学，2008.

7

产品创新及其信息化融合

7.1 产品研发信息化的业务需求

7.2 产品生命周期管理（PLM）系

统——支持创新的系统平台

7.3 PLM 助力产品创新

7.4 PLM 的发展趋势

7.1 产品研发信息化的业务需求

从全球和中国市场来看，企业面临着更激烈的竞争。新产品推出周期缩短，个性化需求增加，全球化采购越来越明显，更多的不确定性都给各个行业带来变化，完善企业的系统平台建设，打好基础，应对未来变化是关键。我国工业和信息化部也提出，将坚持以市场为导向，以企业为主体，通过试点示范、完善标准规范体系、建立服务体系等5大举措，加快推进我国工业产品研发设计信息化。产品研发设计是工业企业新产品、新工艺生命周期前端的重要环节，现代制造业中信息化要素已全面融入工业产品研发设计的各个环节，在提高企业研发效率，提升创新能力，加快工业现代化步伐，促进工业竞争力提高方面发挥着越来越重要的作用。只有以信息化技术建立研发设计信息化平台才能应对激烈的市场竞争。

新型研发体系建设决定了企业的研发能力，决定着企业的核心竞争力。由产品创新体系架构可知，研发技术处于一个基础地位，由一些基本的理论和方法组成。研发技术通过融合和集成，形成一系列研发知识、流程、规范和方法，通过软件化形成管理和设计工具系统或平台，如 CAX（CAD、CAM、CAE、CAPP、CIM、CIMS、CAS、CAT、CAI）、PLM（产品生命周期管理）、PDM（产品数据管理）和 CRM（客户需求管理）等。这些系统和平台就构成了产品创新信息化系统的基本要件。创新信息系统进而全面支撑产品研发生命周期中的各个研发过程，最后形成产品创新。整个过程最终提高了企业的整体研发能力。由此看出，研发技术是企业提高研发能力必须解决的核心问题。

产品信息管理需要从产品研发的流程上来组织、控制和协调，要实现正确的前期判断（保证成功率）、最合适的组织、最少的成本和最短的时间。针对研发管理现状和有待提高的方面，未来的创新信息化平台在产品研发创新信息管理方面应提供如下功能：

（1）支持产品研发的理论与方法。通过对系统中前期数据的分析，为后续的战略分析和决策提供系统支持，包括产品型谱确定、产品设计和制造能力分析等。

（2）支持创新团队的构建和信息共享。系统支持跨部门创新团队的构建。通过系统，能够实时地对创新团队中跨部门的员工进行任务分配和信息调整等，并能及时地显示反馈，保证跨部门员工对产品创新过程中的任何变化做出快速响应，确保运作的同步。

（3）创新流程中浪费的分析和消除。在产品创新流程中存在诸多浪费。在系统内部定义各种浪费，使系统能自动对流程进行梳理：发现多余的或者重复的流程进行反馈；信息存在延迟的流程自动报警等。为整个流程中的非增值活动提供自动调整建议。

（4）标准流程及价值流图绘制功能：系统支持根据调整过的流程自动进行标准化，并根据数据自动完成价值流图的绘制和生成。

（5）量化的评估。应能够通过系统信息，为流程的整体情况进行有效评估，提供数据和技术的支持。

PLM 软件系统是信息化的企业级产品开发过程在计算机系统中的实现。作为工程数据系统，PLM 软件系统以计算机网络技术、数据库技术为基础，以面向对象技术为手段，为企业的产品并行开发（产品设计、制造工艺小组）提供必要的环境。具体功能包括：生命周期管理、工作流程以及开发人员管理、电子数据仓储管理、产品结构管理、零件族管理、产品变更管理、产品配置管理等[1]。

7.2 产品生命周期管理（PLM）系统——支持创新的系统平台

▷▷ 7.2.1 PLM 发展概述

产品生命周期管理的研究始于美国"计算机辅助后勤支援"（Computer

Aided Logistic Support，CALS）计划，是美国国防部于 1985 年 9 月提出的一项战略性计划。CALS 计划的主要内涵是全寿命管理和全寿命信息支持。因该计划实施后效益显著，显示出巨大的生命力，到 20 世纪 80 年代末，CALS 的内涵不断扩展，引起了美国商务部的注意，美国工业界领导者在 1993 年的 CALS 杂志上撰文说，CALS 是制造业全面发展的战略，致使 CALS 应用由武器装备向民用扩展，并且迅速向英国、法国、德国、芬兰、日本、韩国和澳大利亚等国传播[2]。

产品生命周期管理（Product Lifecycle Management，PLM）是指管理产品从需求、规划、设计、生产、经销、运行、使用、维修保养直到回收再处处的生命周期中的信息与过程。它不仅是一门技术，而且是一种制造理念，支持并行设计、敏捷制造、协同设计和制造、网络化制造等先进的设计制造技术。

根据业界权威 CIMDATA 的定义，PLM 是一种应用于在单一地点的企业内部、分散在多个地点的企业内部以及在产品研发领域具有协作关系的企业之间的，支持产品生命周期的信息的创建、管理、分发和应用的一系列应用解决方案，它能够集成与产品相关的人力资源、流程、应用系统和信息。PLM 主要包含以下内容：

➢ 基础技术和标准（如 XML、可视化、协同和企业应用集成等）。

➢ 信息创建和分析的工具（如 CAD、CAM、CAE、计算机辅助软件工程 CASE、信息发布工具等）。

➢ 核心功能（如数据仓库、文档和内容管理、工作流和任务管理等）。

➢ 应用功能（如配置管理）。

➢ 面向业务/行业的解决方案和咨询服务（如汽车和高科技行业）。

按照 CIMdata 的定义，PLM 主要包含三部分，即 CAX 软件（产品创新的工具类软件）、cPDM 软件（产品创新的管理类软件，包括 PDM 和在网络上共享产品模型信息的协同软件等）和相关的咨询服务。实质上，PLM 与我国提出的 4CIP（CAD/CAPP/CAM/CAE/PDM）或者技术信息化基本上指的是同样的领域，即与产品创新有关的信息技术的总称[3-4]。

在 PLM 理念产生之前，PDM（Product Data Management）主要是针对产品研发过程的数据和过程的管理。而在 PLM 理念之下，PDM 的概念得到延伸，成为 cPDM，即基于协同的 PDM，可以实现研发部门企业各相关部门甚至企业间对产品数据的协同应用。

因此，实质上 PLM 有三个层面的概念，即 PLM 领域、PLM 理念和 PLM 软件产品。而 PLM 软件的功能是 PDM 软件的扩展和延伸，PLM 软件的核心是 PDM 软件。

纵观 PLM 的发展史，可以将 PLM 系统划分为三个重要阶段，即 PM 阶段、PDM 阶段和 PLM 阶段[5]。

20 世纪 70 年代中期，随着 IT 技术的起步，发达国家的工业化开始进入新一轮的发展。以通用、波音等为代表的公司开始大量使用计算机辅助设计（CAD）系统软件。随着 CAD 工具的使用，由 CAD 产生的设计图档变得越来越难以管理，PM（Product Management）系统便应运而生。

PM 系统极大地方便了 CAD 图档的管理，但也有其本身的缺点：PM 系统仅仅是将大量的 CAD 图档收集到一起，充当文件服务器的角色，而与 CAD 图档相关的大量工作如 BOM 结构管理、变更管理等都无法在 PM 系统上完成。PM 系统虽然昙花一现，但作为 PDM 系统的雏形，在 PLM 的发展史上也有着开山之意。

PDM 系统就在此时开始蓬勃发展。PDM 的发展是整个 PLM 发展史上极为重要的里程碑。至今，PDM 依然是 PLM 系统的一个核心模块。PDM 的发展又可以分为三个阶段：配合 CAD 工具的 PDM 系统、专业 PDM 系统和 PDM 的标准化阶段。

1．配合 CAD 工具的 PDM 系统

早期的 PDM 产品诞生于 20 世纪 80 年代初期。当时，CAD 已经在企业中得到了广泛应用，工程师们在享受 CAD 带来好处的同时，也不得不将大量的时间浪费在查找设计所需的信息上，对于电子数据存储和获取的新方法的需求变得越来越迫切。针对这种需求，各 CAD 厂家配合自己的 CAD 软件推出了第一代 PDM 产品，这些产品的主要目标是解决大量电子数据的存储和管理问题，提供了维护"电子绘图仓库"的功能。第一代 PDM 产品仅在一定程度上缓解了"信息孤岛"问题，仍然普遍存在系统功能较弱、集成能力和开放程度较低等问题。

2．专业 PDM 系统

通过对早期 PDM 产品功能的不断扩展，最终出现了专业化的 PDM 产品，如 SDRC 公司的 Metaphase 和 UGS 的 iMAN 等就是第二代 PDM 产品的代表。与第一代 PDM 产品相比，第二代 PDM 产品出现了许多新功能，如对产品生命周期内各种形式的产品数据的管理、对产品结构与配置的管理、对电子数据的发布和更改的控制以及基于成组技术的零件分类管理与查询等，同时软件的集成能力和开放程度也有较大的提高，少数优秀的 PDM 产品可以真正实现企业级的信息集成和过程集成。第二代 PDM 产品在技术上取得巨大的进步，在商业上也获得了很大的成功。PDM 开始成为一个产业，许多专业开发、销售和实施 PDM 的公司相伴而生[6]。

3．PDM 的标准化阶段

1997 年 2 月，OMG（Object Management Group）组织公布了其 PDM Enabler 标准草案。作为 PDM 领域的第一个国际标准，本草案由许多 PDM 领域的主导厂商参与制定，如 IBM、SDRC、PTC 等。PDM Enabler 的公布标志着 PDM 技术在标准化方面迈出了崭新的一步。PDM Enabler 基于 CORBA 技术，就 PDM 的系统功能、PDM 的逻辑模型和多个 PDM 系统间

的互操作提出了一个标准。这一标准的制定为新一代标准化 PDM 产品的发展奠定了基础。

20 世纪 90 年代末期，PDM 技术的发展出现了一些新动向，在企业需求和技术发展的推动下，产生了新一代 PDM 产品。新的企业需求是产生新一代 PDM 系统的牵引力。长期以来，人们对于企业功能的分析采用的方法是：首先界定企业的职能边界，确定哪些是企业本身的职能，哪些不是。然后对企业的职能采用"自顶向下"逐层分解的方法，将企业的功能从粗到细进行分解，形成企业的功能分解树。随着科技的飞速发展，企业要想建立一个大而全的体系都越来越难，任何企业都要经常与其他企业进行联合，甚至许多来自不同企业的职能部门临时组织在一起，组成所谓的"虚拟企业"，共同完成某项社会生产任务。这些新的社会生产方式要求人们对于企业功能的分析思路和方法也有所改变。如果说第二代 PDM 产品配合了"自顶向下"企业信息分析方法，第三代 PDM 产品就应当支持以"标准企业职能"和"动态企业"思想为中心的新的企业信息分析方法。新技术的发展是产生新一代 PDM 产品的推动力。Internet 的广泛普及给企业传统经营管理方法带来巨大冲击。如何面对网络时代的挑战，已经成为企业信息化过程中必须面对的问题。

新需求的出现和新 IT 技术的发展，共同促成了 PLM（Product Lifecycle Management）概念的出现。Java 语言的出现及 Web 技术的成熟为 PLM 的实现提供了技术可能。同时，用户对 PDM 提出的新的需求为 PLM 的发展提供了动力。

PLM 为产品提供了"从摇篮到坟墓"的管理。具体来说，从产品概念的形成，到产品设计、产品模型、产品试产、产品量产、产品变更，直到产品生命周期的结束，都可以纳入 PLM 系统进行管理。而且可用通过纵向管理，管理到产品品质、环保法规、客户投诉甚至产品的宣传策划等诸多内容。

如今，PLM 系统已经与 ERP 系统、CRM 系统、MES 系统形成一个完整的企业级系统链。

PLM 系统的功能模块的最终目的是服务于企业的业务流程，改善企业在产品管理方面的各项工作[7-9]。

根据创新信息化平台的业务需求，从以下几个方面进行平台总体设计：

● 产品/零部件设计的规范化、标准化、模块化、系列化；产品平台构建、产品族快速开发；产品创新途径、创新流程、专利技术、创新管理。

● 生命周期流程管理：预研、研制、设计（概念→详细）、试验、采购、生产、装配、总成、联调、服务。

● 数字化研发：基于生命周期的统一的产品数据标准、数字模型、产品结构/配置管理，建立完整的数据库；三维数字化产品设计、仿真试验研究、虚拟装配；实现数字化样机；工艺工装数字化设计；数字化测试与试验。

● 协同工作平台：协同设计平台、协同试验/验证平台、协同集成测试平台、协同生产制造平台、协同服务保障平台。

● 规范化、流程化项目管理：新品预研、新品科研、新品生产、技术保障。

● 规范化、流程化技术基础管理：标准、成果、知识产权、创新指标等。

● 规范化、流程化客户业务管理、客户响应业务、供应商控制业务、产业化产品制造、综合管理、质量计划管理、技术管理。

● 规范化、流程化行政管理：质量管理、人力资源管理、财务管理、固定资产管理等。

创新信息化平台层次结构主要包括：创新信息化平台体系结构、逻辑结构、物理结构。下文主要介绍创新信息化平台体系结构：

创新信息化平台体系结构如图 7-1 所示，系统涵盖了从产品概念设计、详细设计、分析优化、制造、市场直至使用、维护、报废的产品生命周期，涉及围绕产品而进行的所有活动和过程以及活动的执行部门和人员，融合了并行工程、工作流管理、知识管理等先进设计制造管理理念，以集成产品模型技术、多学科综合优化技术、建模与仿真技术为技术核心，支持产品持续创新的、由一系列软件工具和软件子系统组成的软件套件和解决方案集成合体，在数据、过程、应用三个层面实现集成与协同。

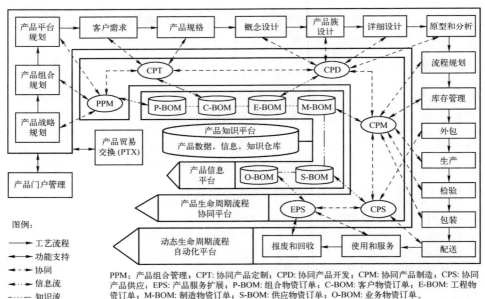

PPM：产品组合管理；CPT：协同产品定制；CPD：协同产品开发；CPM：协同产品制造；CPS：协同产品供应；EPS：产品服务扩展；P-BOM：组合物资订单；C-BOM：客户物资订单；E-BOM：工程物资订单；M-BOM：制造物资订单；S-BOM：供应物资订单；O-BOM：业务物资订单。

图 7-1　创新信息化平台体系结构

图 7-2 和图 7-3 分别呈现了西门子的 PLM 解决方案 Team Center 平台和 PTC 的 Windchill 平台的功能模块，可以看出，不同的软件供应商推出的

PLM 功能模块各不相同，也各有所长[10]。

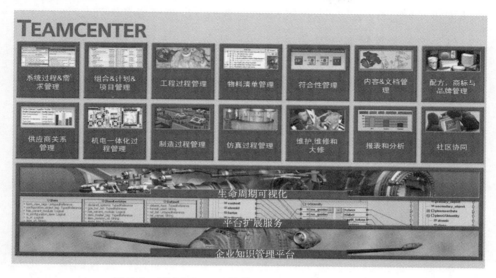

图 7-2　西门子 PLM 软件 Team Center 的功能模块

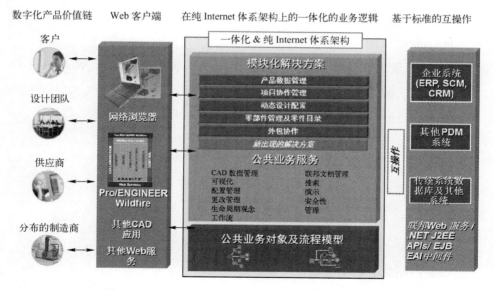

图 7-3　PTC PLM 软件 Windchill 的功能模块和体系

虽然不同企业在 PLM 的不同领域各有擅长，提供了不尽相同的 PLM 功能模块，但总体来说，一个 PLM 平台必不可少的模块有下列几项：

（1）产品数据管理（即 PDM）：在整个产品生命周期中，帮助制造商控制信息，确保数据的可用性，并管理产品开发过程。在工程过程方面，PDM 主要管理来自所有主要 CAD 系统的数据，其主要服务包括以下内容：

● 产品数据管理（PDM），包括 MCAD、CAE、CAM、ECAD、文档、图样和电子表格。

● 全面采用 CAD 数据三维可视化，可在整个产品装配体上进行评审、分析和协同。

● 数字化验证集成了数字样机、产品配置和设计整合。它将设计变更持续整合到可自始至终使用的数字样机中。

● 变更管理提供高级工程流程的工作流规划，以便查看影响，并发起、管理、评审/批准和执行产品变更。

● 零件分类。

● 与企业资源计划（ERP）的连接。

2）项目管理和协作：能让员工、供应商和客户通过基于 Web 的工作室、项目计划编制、里程碑跟踪、工作分配和管理以及论坛等方式共同完成项目。项目管理主要提供的功能有如下：

● 构思和创意管理用于计分、筛选、划分优先级和控制。

● 计划和项目管理，包括日程、工作任务、依存条件、里程碑、基线和约束条件。

● 计划管理与产品生命周期流程集成，以自动执行签准和工作流。

● 资源、预算和业务绩效管理用于控制成本和投资。

（3）产品组合和动态设计配置：使用具有交互、动态、协作等特点的可视化功能，其中包括图形化产品系列建模、产品系列目录公布、产品配置以及数字化产品的自动化生成等功能，来帮助离散型制造商满足不断增加的依单设计产品需求。设计配置模块的主要功能如下：

● 产品组合管理用于对品牌、产品线、产品供应、产品选项、技术、投资机会和创意进行平衡。

● 战略性规划与运营执行相关联（客户需求管理、需求管理、工作流和变更管理、协同、文档管理、记录管理、工作细分结构等）。

（4）制造协作： 简化交付制造过程，比如，在以组织为单位的工作室中交流信息和过程状态、跨组织更改管理、采购过程管理以及供应商数据管理。制造协作模块的主要功能如下：

● 整个产品生命周期中的信息共享。

● 实时的专门协同。

● 应用程序共享。

● 安全且可扩展的分布式团队环境。

● 全面的可视问题管理。

● 业务应用程序集成。

▷▷ 7.2.3 PLM 的逻辑层次

服务于创新的 PLM 平台可划分为门户、应用服务、流程服务、知识服务、信息服务、数据服务、资源和协同创新平台服务总线，其逻辑结构如图 7-4 所示。门户包括企业内部门户、外部门户和合作伙伴门户；应用服务包含从市场、研发、生产、销售、服务到再循环的过程，其中包括型谱管理、产品服务设计、产品创新管理、协同项目管理、协同产品开发和模块化产品开发等；流程服务包含流程发现、流程设计、流程实现、流程执行、流程分析和流程优化；知识服务包含信息筛选、表述、经验融入和知识形成；信息服务包含数据提取、语法分析、筛选分类和产生信息，涉及的技术有数据仓库、数据挖掘和 XML 语言；数据服务包含搜索、存储、备份、复制、运算和迁移，涉及的技术有数据库技术、搜索技术和数据缓存技术；资源则包含与产品研发设计过程相关的信息来源；另外，安全服务、集成服务、开发服务、服务管理、计算服务和管理服务通过协同创新平台服务总线与创新信息化平台进行交互集成。

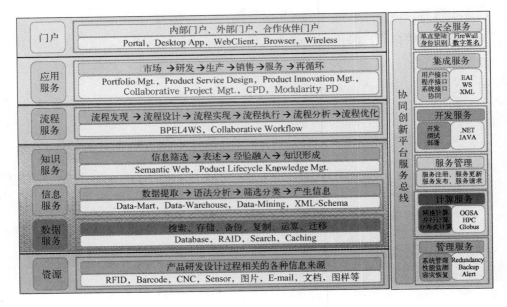

图 7-4　服务于创新的 PLM 平台逻辑结构

▷▷ 7.2.4　PLM 的实施路径

不同企业面临的产品开发挑战不同，采用的 PLM 解决方案也各异，本书介绍一个基本的 PLM 实施路径框架。PLM 实施的目的是通过业务流程的电子化，建立研发的业务标准；通过产品知识库的建立，积累企业的知识财产；实现企业内部的协同开发，建立面向生产和市场的研发体系。为了实现这个目标，一般可以遵从图 7-5 所示的实施路径[11]。

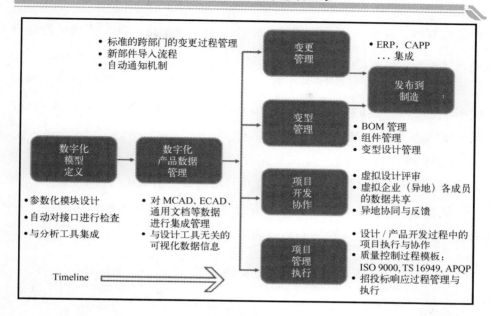

图 7-5 PLM 的实施路径

建立 PLM 系统的目标可概略分为如下部分：

● 建立起以产品结构为核心的产品数据存储和管理体系。有效管理公司系列化产品的复杂变形，缩短产品设计、变形的周期，满足客户的个性化需求，加快产品投放市场的速度。

● 构建集中统一的文档资料管控和协同平台，改变产品图样、技术资料存放混乱的情况，实现真正的权限控制范围内的文件共享，方便、快速地查询技术资料；缩短设计知识的查找时间，提高设计研发效率。

● 建立并优化符合质量体系的产品研发流程管理系统，有效控制产品研发演变过程中不同阶段的产品质量。

● 有效管理产品发展演变历史，实现设计更改的有效控制，满足对更改历史的追溯要求，维护产品数据一致性，提高产品开发质量。

● 消除地域分散、异构系统、数据复杂等多种障碍，实现公司信息中心与其他内部各单位以及与各协作单位间的协同，实现设计结果获得充分的信息共享，实现并行化和设计程序或变更的规范化，减少非增值性的重复工作。

● 实现产品开发阶段各个环节对完整产品数据的无障碍访问，理顺 EBOM 到 MBOM 的转换关系，提高 BOM 编制的准确性和效率，为 CAPP 或 ERP 提供准确的 BOM 数据源[12]。

PLM 项目的实施是一个逐步完善的过程，通常说来，采取下面的实现路线图，是一个切实可行且能够确保项目成功和价值实现的总体方案。

从企业创新的角度来看，PLM 的实施路径也可以分为图 7-6 中的三个步骤：流程优化、业务协同和协同创新。

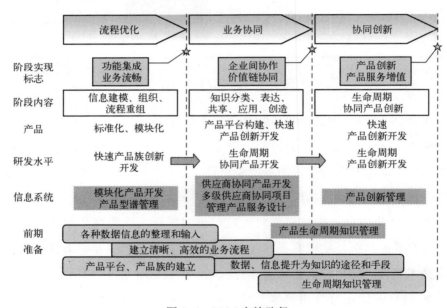

图 7-6 PLM 实施路径

在流程优化步骤中，企业对已有流程进行标准化和模块化，将各种信息和数据进行整理并输入系统，建立产品平台和产品族。该步骤的实现标志是企业现有业务可以在 PLM 系统上流畅再现，并将各个功能模块成功集成。

在业务协同步骤中，企业将对优化过的产品开发流程进一步进行协同化提升，建立完善的产品设计服务。在该步骤中，数据和信息将逐步转化为企业的知识，注重的是知识的分类、表达、分享、应用和创造，企业内的价值链实现协同工作。

在最后一个步骤协同创新中，企业应用已有的协同创新平台，进行快速的产品创新开发。该步骤的前提条件是企业应用 PLM 实现了生命周期知识管理，该步骤的实现标志是企业建立完善的、有 PLM 系统支撑的产品创新流程，向内部提供产品设计增值服务。

从实施的配置环境来看，一般 PLM 平台都是基于 B/S 的多层架构，并且支持多种硬件环境，例如，PTC 的解决方案便是一个典型的三层架构的应用；在数据库层面，目前使用的是 Oracle 10g，Oracle 10g 可以运行在 NT（Windows Server）平台、Sun Solaris、HP-UX 以及 IBM 的 AIX 上。在应用层，能够运行在 NT 平台、Sun Solaris、HP-UX 以及 IBM 的 AIX 上。客户端则采用的是标准的网络浏览器。广泛的平台选择使得企业在考虑企业级的PDM/PLM 应用时，能够避免被应用的适用平台所限制。

7.3 PLM 助力产品创新

3D 体验技术是 PLM 技术的一项代表，它指的是使用数字 3D 技术构建一个虚拟的现实场景，允许人员在虚拟场景中和场景进行各项交互活动。这项技术常用于虚拟培训和产品展示中，达索系统使用其 3D 体验技术 3DVIA帮助了韩国航空航天和国防公司（DNSK）快速满足客户不断变化的需求。

韩国航空航天和国防公司（DNSK）创始于 2010 年，致力于开发用于培训飞行员和飞机维修人员的航空模拟器。DNSK 总裁 KC Choo 基于其在飞机维修领域多年的经验，创建了该公司，旨在成为韩国领先的空中防卫系统开发商。他认为，软件在航空装备中日益重要，并且坚信硬件不再是公司的重点，这些因素促使 Choo 将 DNSK 的精力集中于软件开发上。DNSK

的创建融合了他之前公司的航空维修业务部门和模拟器开发团队[13]。

DNSK 开发的虚拟维修培训系统（VMTS）为一款将真实生活和虚拟环境相关联的新一代仿真系统，它将所有可能的真实维修问题描述为仿真模块，并使用 3D 虚拟样机来模拟维修和防卫情况。结果是，该虚拟培训系统将既有的基于流程的培训提高至一个新的级别。

就其性质而言，仿真开发在设备的机械分析和操作分析方面需要不同的工程数据。据 Choo 所说，获取这些数据的能力，是使用达索公司提供的不同解决方案的主要优势之一。借助 3DVIA，模拟器开发团队为直升机维修、舰炮发射、飞机侦察、飞行员网上学习、射击、空中交通控制等领域提供培训仿真项目。"虚拟仿真对于飞机维修和培训至关重要。"Choo 说，"我们在贸易展示和展会上推出了基于达索系统技术的模拟器，得到了积极的反馈。"

3D 体验技术使 DNSK 开发人员在最初的项目开发阶段，方便快速地尝试不同的设计方法，将建造原型的时间缩短了 50%。这可使 DNSK 开发人员将更多时间用在主要开发阶段的设计和可靠性方面，以提高效率和工作经验的价值。另一主要价值在于，取代了传统的 Flash 或视频等的静态 2D 内容形式，DNSK 还可使用增强现实等浸入式 3D 技术来创建培训内容。

图 7-7 和图 7-8 所示为 DNSK 应用 PLM 软件实现 3D 仿真示意图。

图 7-7　DNSK 应用 PLM 软件实现 3D 仿真（一）

图 7-8 DNSK 应用 PLM 软件实现 3D 仿真（二）

7.4 PLM 的发展趋势

演化是 PLM 市场发展的本质。我们曾经熟悉的有关 PLM 的相关概念，如 TDM（团队数据管理）、PIM（个人信息管理）、EDM（工程数据管理）、PDM（产品数据管理）和 CPC（协同产品商务）逐渐从人们的视野中消失。但是 PLM 的核心并没有改变，依旧是围绕着产品生命周期的管理，即应用一系列业务解决方案来支持在企业内和企业间协同创建、管理、传播和应用贯穿整个产品生命周期的产品定义信息，并集成人、流程、业务系统和产品信息的一种战略业务方法，但其复杂度和管理范畴发生了巨大的变化[14-16]，表现以下几个方面：

● 从企业研发、制造到交付的模式上，越来越多地和上下游供应链进行协同设计和制造，实现多个供应商、合作伙伴之间的异地协同设计、生产与制造、服务运营。

● 不仅关注机械相关因素，而且考虑电气设计因素。

● 实行产品数据、工艺数据、制造数据等的统一数据源管理，避免数据的冗余。

- 大量使用三维可视技术、虚拟仿真技术，及早发现设计缺陷。
- 支持多个项目群的管理及项目的生命周期管理。

未来的 PLM 如何发展，世界上的各大 PLM 解决方案提供商各有各的看法，例如在 2008 年，随着围绕着 Web 2.0 的一系列革命的兴起，达索系统公司（Dassault Systems）引入了 PLM 2.0 的概念，包含了使用社会社区的方式来实现 PLM 的手段。PLM 2.0 是 Web 2.0 在 PLM 领域的新应用，它不仅仅是一种技术，更体现为 PLM 领域的一种新思想：PLM 应用是基于网络的（软件即服务）；PLM 应用注重在线协作、集体智慧和在线社区；PLM 扩展成现实世界的网络，将 PLM 延伸至企业之外；PLM 业务流程可以很方便地通过网络进行激活、配置与使用。

PLM 2.0 从以下几个方面展望了 PLM 的发展趋势。

▷▷ 7.4.1　社区化的 PLM 平台

所谓社交计算，就是社会行为与计算机系统相交互的计算机科学领域，是基于计算机软件和计算机技术创造或再创造社会习俗和社会内容的任何种类的计算机系统的社交行为[17]。通常的社交应用包括博客、电子邮件、即时消息、社交网络服务、维基百科、社交书签等。其中，应用社交计算最为成功的企业是 Facebook，如果 Facebook 是一个国家，那么它将是全世界第三大国。据统计，每 24h 就有 1 亿 7500 万用户登录 Facebook，其中，6500 万人使用移动设备登录。社交计算对于 PLM 发展的意义主要表现在以下几方面：

- 使用社交计算开发产品：作为内部开发过程的一部分；让企业外部人员（外包）参与开发过程。
- 在产品里运用社交计算：企业内部的产品；扩展型企业产品；企业之外产品的扩展。
- 用社交计算营销产品。

目前，主流的 PLM 供应商已经形成了相应的解决方案，具体如下：

● 达索系统的 SwYm 社区。

● PTC SocialLink 模块。

● SAP Streamwoks。

● 西门子 PLM Teamcenter 社区。

▷▷ 7.4.2   由以面向文档为中心转移到以模型为中心

现在，PLM 的管理是以文档为中心的管理模式，但随着三维技术应用的不断深入，未来 PLM 将变成以模型为中心的管理模式（见图 7-9），从而提高产品的质量和生产率，同时降低风险[18]。

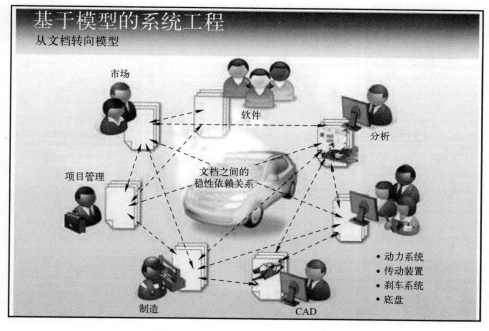

图 7-9   以模型为中心的系统工程

基于以模型为中心的 PLM 管理将为企业带来以下好处：

（1）提高产品质量，体现为以下几个方面：

● 提前的需求确定。

● 增强系统设计的完整性。

● 改进的软/硬件部署规格要求。

● I&T 更少的错误。

● 更严格的需求追溯。

（2）提高生产率，体现为以下几个方面：

● 提高需求变更的影响分析。

● 现有模型支持设计/技术演变的重用。

● 自动生成文档。

（3）降低风险，体现为以下几个方面：

● 改进的成本估算。

● 提早需求确认和设计验证。

参 考 文 献

[1] 秦晓原. PLM 信息化系统在设计行业中的应用[J]. 中国科技博览，2010(19):46.

[2] 冯涛. 面向中小企业的供应链管理系统研究与实现[D]. 成都：西华大学，2007.

[3] 苏冠群. 基于 RFID 的特种设备全生命周期公共服务平台研究[D]. 济南：山东大学，2010.

[4] http//baike.baidu.com/link?url=yxN6D2S71MoPtWkItX_cSutlTxJvv0mL9_hrmc38Lb9r_Aq6rSZA0dDKWahLdugqovwFOl2ZHiRrGhdiOoR6cK.

[5] 曾金. 某客车工业集团 PLM 系统解决方案设计[D]. 武汉：华中师范大学，2012.

[6] 李小海. 军工科研管理中的 PDM 系统建设及应用[D]. 南京：南京理工大学，2004.

[7] 朱浩，尹泽勇，刘建武，陈高阳，李生文. PLM 的内涵和功能分析[J]. 中国制造业信息化，2004(7)：83-86.

[8] 曹新九，PDM 的发展和标准化[J]，世界标准化与质量管理，2003(8)：35-38.

[9] 万苏文，基于 PDM 的数字化制造的研究[J]，计算机仿真，2004(11)：62.

[10] http//www.siemens.com/answers/cn/zh/?stc=cnccc026240&ef_id=VRjmMgAAAFmy1N
AJ：20150330055914：d.

[11] PTC，PLM 产品生命周期管理系统方案建议书，www.PTC.com.

[12] 乐吉祥. 新晨动力产品生命周期管理信息系统设计[D]. 成都：电子科技大学，2010.

[13] 达索系统韩国航空航天和国防公司——航空航天和国防案例，www.3DS.com.

[14] http://blog.e-works.net.cn/12573/articles/291482.html.

[15] 姚怡，莫锋. 产品数据管理的发展趋势[J]，广西大学学报（自然科学版），2001，
26(4)：319-322.

[16] 党伟升，罗先海，耿坤瑛. PLM 产品的技术发展趋势[J]. CAD/CAM 与制造业信息
化，2007(6)：8-9.

[17] 张超. 基于 MapReduce 的社交网个体联系查询机制研究与实现［D］. 南京：东南
大学，2013.

[18] 解读 2012 全球 PLM 发展趋势-技术篇，http//blog.sina.com.cn/s/blog_53855e3601
0141oo.html.

8

服务创新体系

8.1 服务型制造兴起

随着经济全球化、知识化和现代服务经济的迅速增长，制造业不能再走单一依赖产品获得发展的路子，而是要同时发展现代制造服务业，特别是生产性服务业，并实现两者的融合发展，向服务型制造转型。服务业是制造业做大、做强的有力支撑和必要前提。从这个角度说，制造业的综合竞争力就来自制造业和服务业的融合能力和融合程度。经过 20 多年的努力发展和积淀，中国的制造业已经建立起庞大的产能，但"大而不强"的特征仍然十分明显，依赖人力资源节约成本的优势也越来越受到威胁，而且长期发展于利润链的最底端使得国内制造业生存发展难度越来越大。原因之一就是服务业的支撑功能没有发挥出来，服务业对制造业的"改造"功能和价值创造功能没有显现出来。向服务型制造业转变对于国内制造业来说迫在眉睫。

随着科学技术的进步，经济环境的发展变化，如今制造业正在发生着深刻的变革：①由于全球范围内的制造业竞争日益激烈，制造环节所带来的利润越来越少，迫使传统的制造价值链不断扩展和延长，其覆盖范围从加工制造领域逐渐延伸到服务领域，制造与服务之间的界限也逐渐模糊，而服务环节的附加值在整个价值链中很高，这也就促使制造和服务渐渐地相互融合，也使得服务在企业产值和利润中的比重越来越高；②社会化大生产和社会分工越来越细，使得单个企业的价值链不断缩短，企业更专注自身核心竞争力的提高，将自身聚焦在最有效的环节，相互之间通过提供生产性服务和服务型生产，在更紧密的分工和协作中以敏捷、柔性、高效、低成本的生产方式为客户提供产品及其应用解决方案。

服务业与制造业的融合改变了后者的产业形态和制造模式，国内学者将这种制造业与服务业相融合的新型制造称为服务型制造。服务型制造是制造与服务相融合的新产业形态，是从传统制造模式演变而来的新的先进制造模式[1]。服务型制造可以从概念、形式、组织形态及属性四个层次进行定义[2]，如图 8-1 所示。

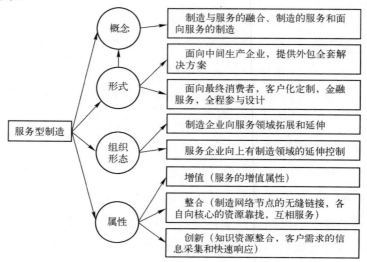

图 8-1　服务型制造概念结构

从图 8-1 中不难发现，生产性服务、服务型生产以及客户成为"合作生产者"是服务型制造模式的 3 个基石，概念模型如图 8-2 所示[3]。

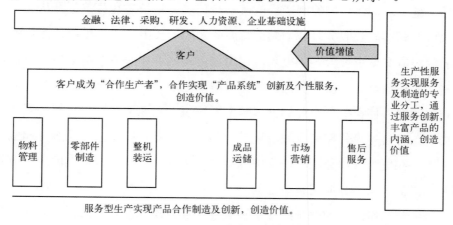

图 8-2　服务型制造概念模型

（1）生产性服务又称生产者服务业，生产性服务是市场化的非最终消费服务，是作为其他产品和服务生产的中间投入的服务，是面向生产的服务，具有专业化程度高、知识密集的特点。生产性服务业包括交通运输业、现代物流业、金融服务业、信息服务业、高技术服务业和商务服务业等重要行业和部门。生产性服务包括科研开发、管理咨询、工程设计、金融、保险、法律、会计、运输、通信、市场营销、工程和产品维修等多个方面。生产性服务的融入使得"产品系统"的内涵和覆盖范围不断扩大，企业能够在更广泛的范围内实现产品差异化，进行价值的创造，也使传统的制造价值链的覆盖范围得以拓展和延长。在生产过程中被实际应用大都是通过生产性服务的投入来实现的，这个过程推动生产向规模经济和更高的效率发展。所以，生产性服务被认为是新兴经济的关键服务，它的扩张与生产经营活动越来越紧密相联，并且越来越复杂化。

（2）服务型生产是指企业采用制造外包的方式，进行零部件加工、制造组装等制造业务流程协作，共同完成物理产品的加工和制造。服务型生产活动进一步强化了处在传统制造价值链的中游（零部件制造、加工和组装等制造环节）企业之间的分工协作，相互之间的协作从传统的提供零部件的制造，转向更为紧密的制造流程的合作，以更低的成本、更高的柔性、更快的反应速度合作完成产品的制造。

（3）客户成为"合作生产者"。服务型制造强调主动性服务，主动将客户引进产品制造、应用服务过程，主动发现客户需求，展开针对性服务。企业间基于业务流程合作，主动实现为上下游客户提供生产性服务和服务性生产，协同创造价值。客户全程参与到制造和服务的生产和传递过程中，并与员工发生大量交互作用，因此这是一种"合作生产"过程，各方共同完成产品及服务的改进与创新，联合创造客户和企业价值。

在生产性服务、服务型生产和客户成为"合作生产者"三者的高效协作下，服务型制造模式有助于实现服务制造系统资源的整合，在高效协同中实现合作创新，共同创造企业和客户价值。服务型制造模式使得价值链的各环节都成为价值的增值环节，也使得传统的制造环节处于"微笑曲线"底端的模式得以改变，整个价值链成为价值增值的聚合体。

在市场与经济发展环境的趋势下，适应潮流的服务型制造业得以兴起，全球范围内的制造业都引发了一场向服务型制造业转型的变革。此种变革有两个根本特点：①将面向客户个性化服务逐步引入制造价值链中，延长制造价值链，企业获得更广阔的空间和发展余地；②企业间的分工与协作更加细化，体现在两方面：a. 在制造价值链的上游和下游，独立的生产性服务部门为制造企业提供专业化的服务，这一点符合"微笑曲线理论"；b. 在制造价值链的中游，制造企业采纳制造外包等服务型生产活动，实现专业化的生产，以敏捷的、柔性的、高效的、低成本的生产方式迅速适应市场需求的变化，创造更多价值，取得竞争优势。服务型制造正是符合"微笑曲线理论"的一种模式，取长补短，为当今制造业的变革提供了方向。

制造业和服务业的不断融合推动着制造产业内涵和形式的变化，无论制造业还是服务业都面临自身内部结构调整等一系列新的困难，也对制造系统模式创新提出了新的挑战。

制造和服务的融合，首先促使传统的产品概念向新的"产品"概念的演变：新的"产品"或"产品系统"较之过去内涵发生了变化，服务型制造企业不仅生产物理产品，还提供与产品相关的服务，并将物理产品和无形服务集成为统一的"产品服务系统"，客户获得的是产品和服务高度集成的"产品服务系统"。"产品服务系统"中服务蕴含量的不同，形成"产品服务系统"连续谱，如 GE（通用公司）现在不仅为客户提供航空发动机，还提供包括与发动机相关的购买金融服务、发动机运行维护、发动机升级等服务，成为发动机动力系统解决方案供应商。在产品的设计、制造等环节融入服务内涵，使得产品服务系统的覆盖范围进一步扩大，也使得企业能够在更大的范围内创造价值。

"产品服务系统"的出现使得制造业从传统的加工制造领域向具有丰富服务内涵和巨大价值创造空间的"新制造业"转变，"制造—服务"的相互依赖越来越紧密，两者的边界逐渐模糊，并逐渐形成"整合的制造—服务系统"，即服务型制造系统。服务型制造是在"新制造业"的形态下为客户提供的"产品服务系统"，是满足"合作生产者"价值需求的先进制造模式。服务型制造是为了实现制造价值链中各利益相关者的价值增值，通过产品和服务的融合、客户全程参与、企业相互提供生产性服务和服务性生产，实现分散化制造资源的整合和各自核心竞争力的高度协同，达到高效创新。

8.2 服务创新的意义

▷▷ 8.2.1 服务创新延伸产品生命周期

服务创新，作为创新研究领域的一个分支，近年来获得了越来越多的关注。其中一个主流观点是，服务创新主要是指在服务过程中应用新思想和新技术来改善和变革现有的服务流程和服务产品，为客户创造新的价值，最终形成企业的优势。与生产制造以降低产品成本取得竞争优势不同，服务创新主要是通过提高服务质量来取得竞争优势。

1992 年，宏基集团创办人施振荣先生为了"再造宏基"，在产业实践的基础上提出的"微笑"曲线（Smiling Curve）理论（见图 8-3）对制造业企业的经营发展提供了有效借鉴与指导。该理论指出，研发设计和售后服务等上下游环节的附加值高、盈利率高，而加工、组装、制造等中间环节则相反，附加值低、利润率低。

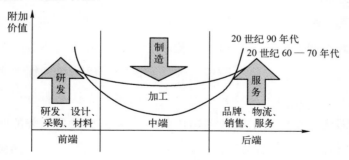

图 8-3 "微笑"曲线[4]

由图 8-3 可知，实际上，盈利的两端已经超出了制造业技术创新的范围，更多地体现为服务创新。以技术创新为基础的制造活动如果要取得附加值的倍增，服务创新起着极其重要的作用。也就是说，必须延长价值链，延长产品的生命周期，通过服务环节创造更多价值。因此，制造业领域的服务创新正受到越来越多的关注，IBM、GE 等越来越多的跨国公司已经走上了从提供"产品"到提供"服务"的转型之路。

▷▷ 8.2.2　服务创新提升客户价值

服务创新可以提升客户价值，对于服务型制造企业来说，服务创新是企业创新的中心环节，服务创新能为企业带来客户，带来竞争力，带来发展。只有做好服务创新，才能更好地满足客户的需求，稳固企业与客户的关系，才能提高客户的价值，实现双赢[5]。

客户价值的核心是感知利得和感知利失之间的权衡。客户价值指的是客户对以下方面的权衡：从某种产品或某项服务中所能获得的总利益与他们心目中在购买或拥有时所付出的总代价的比较。它包括客户让渡价值（对客户的"利润"）、客户客户价值（产品、服务、人员、形象、价值）和客户客户成本（货币、时间、体力精神成本）。

客户满意度是客户体验效果与客户期望值相比较后，所形成的愉悦或失望的感觉状态。服务效果达到客户的预期时，就导致了满意，否则，会导致客户不满意。客户期望的影响因素包括口碑、品牌推广、客户价值与背景、环境与生命周期、之前该公司的体验和之前其他公司的体验。客户体验的影响因素包括产品、价格、服务、关系、品牌形象、便利性。大多数公司称它们带来了很好的客户体验，但只有少数客户在接受服务后提出自己体验很好。因此只有做好了服务创新，让客户真正感受到服务的高效性、难比性，才能提高客户的满意度，提高客户价值，从而在树立品牌上走得更高更远[6]。

▷▷ 8.2.3 服务创新促进节能减排

过去几十年，虽然"中国制造"取得的成绩举世瞩目，但是一个纯粹的制造业大国使中国的环境和资源受到了很大威胁。制造业在将制造资源转变为产品的制造过程中以及产品的使用和处理过程中，同时产生废弃物，是环境与发展产生冲突的主要源头。国家明确提出要大力发展第三产业，以专业化分工和提高社会效率为重点，积极发展生产性服务业。企业需要使用各种先进技术，使产品在设计、制造、使用直到报废及回收处理的整个生命周期中无环境污染或者使环境污染最小、能源消耗最低、资源利用率最高，以实现企业经济效益与社会效益的协调优化。

服务创新概念的提出改变了传统的生产和消费模式，使社会朝更加可持续的方向发展，对经济、社会、环境都具有重要的意义。产品服务创新寻找新的方式将服务融入产品中，延伸了产品的价值，有助于企业提升其价值链。比如，对废旧物品回收的创新既是售后服务的体现，又能创造价值，减少污染。由于服务创新完全为消费者的需求量身定做，充分考虑了客户的功能需求，因此它必然有利于提高人们的生活与工作质量。在创新的服务模式下，用非物质的服务取代了传统经济模式下的物质产品，有利于节约资源和做好环境保护，促进经济社会健康和谐发展。

8.3 服务创新的类型

通常认为，服务创新有三种类型：技术的推广、服务导向方法、产品与服务的整合[7]。

▷▷ 8.3.1 技术的推广

在服务创新的研究早期，更多地从"技术"角度对相关性质和规律进行剖析，将制造业技术创新中发展起来的理论观点和方法体系运用到服务创新的研究中，探讨技术在服务中的作用。其中，最有影响力的工作是巴拉斯（Barras）提出的"逆向产品生命周期"理论[8]。以信息技术为例，"逆向产品生命周期"理论的三个阶段见表 8-1。

表 8-1　"逆向产品生命周期"理论的三个阶段（以信息技术为例）

阶　　段	创新类型	创新激励	当时的计算机和信息技术	举　　例
第一阶段	渐进过程创新	降低成本	大型机	利用计算机处理财务
第二阶段	重大过程创新	提高质量	小型机和微机	排队机
第三阶段	产品创新	新的服务	微机和互联网	网上银行

▷▷ 8.3.2　服务导向方法

服务业中的很多创新并不遵循技术轨道，而是遵循服务专业性轨道，技术只是其中的一个维度，因此"服务导向方法"被提出，并用于分析服务创新形式。其中的代表人物为 Gallouj，他对法国数百家服务企业进行调查后（调查结果见表 8-2）定义了四种类型的创新：产品创新、过程创新、内部组织创新、外部关系创新[9]。

表 8-2　Gallouj 等的调查结果

创新类型	产品创新	过程创新	内部组织创新	外部关系创新	合　　计
严格非技术创新	33%	13%	54%	50%	35%
非严格非技术创新	45%	33%	36%	32%	37%
技术创新	22%	54%	10%	18%	28%

▷▷ 8.3.3　产品与服务的整合

服务创新研究的另一个思路是将服务和产品视为具有共同功能和性质的对象进行统一的"整合"分析。Gallouj 提出了"产品/服务生产系统"的框架，认为服务是企业技术、能力和用户能力三个特征结合的过程，每个特征都由不同的参数组成集合。Hertog 提出了服务创新的四维度模型（见图 8-4），从服务概念、客户界面、服务传递系统和技术四个维度概括了服务创新，这个模型给出了服务创新的过程：根据需求提出新的概念，然后用良好的客户界面去适应这个概念，接着从组织等方面进行服务传递系统的创新，最后用新技术实现创新。四维度模型充分考虑了技术以外的其他因素对于服务创新的影响，表明服务创新是多种因素综合作用的结果，阐明了服务创新核心层面的思想。

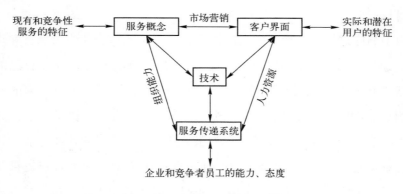

图 8-4　Hertog 四维度模型[9]

8.4　服务创新的过程

▷▷ 8.4.1　功能服务到价值链服务

如今制造业企业的环境出现的新的特点大概是：竞争对手越来越多，实力越来越强；企业采用的竞争手段越来越多，竞争越来越激烈和复杂多变；客户要求越来越高，不再是单纯的需要产品，而是要求企业能以低价格、高质量，快速地提供各种创新性、个性化的产品和服务，确切地说，是一整套解决方案。加入服务内容以后，制造类企业输出的产品不再是单一的制造成品，而是"成品+服务"的解决方案，这也要求制造企业在制造环节做出相应的调整。制造要与服务相适应，服务的提高和发展也要考虑制造。这就为企业带来了产品差异化的竞争优势，不再依靠价格与对手竞争。独具特色的服务造就了独特的解决方案，这样的方案是竞争对手模仿不来的。而且制造业企业的整个理念、管理方式以及产品设计和营销的整个流程都随着服务内容的加入而有所改变了。比如，传统的 ERP 管理是有多少材料生产多少产品。向服务导向制造转型的话，需要考虑市场有多少需求，反过来推断需要多少材料。

为了顺应这一服务经济发展潮流，许多大型制造企业为了保持和提高竞争力，通过进入或兼并服务业等办法来整合原有的业务，发展自己的服务业，或者转变企业的发展战略，明确地把提供服务作为企业未来的发展方向。例如，GE（美国通用电器公司）已在金融业为客户提供贷款，并且明确地提出要由制造业公司逐步转变为服务业公司，并且逐步将原有制造业务进行转移或外包；HP（惠普公司）通过兼并服务型企业为客户提供从硬件到软件、从销售到咨询的全套服务；IBM（国际商业机器公司）早已成功地由制造型企业转型为服务型企业；日本的三菱重工电梯业务也更重视服务的发展，并在为转型为服务业企业而努力。在工业经济时代，我们注重制造业创新的研究，明确制造业创新是提高制造业绩效的重要途径。那么，在经济服务化时代，服务创新也必将而且很有可能正在成为决定经济绩效的主要因素。

服务价值链是企业通过基本服务活动和辅助服务活动创造价值的动态过程，形成一条循环作用的闭合链。服务价值链模型体现了企业以客户为导向的经营理念，表明了内部服务品质、员工满意度、员工忠诚度、员工生产力、为客户创造价值、客户满意度、客户忠诚度对企业创造价值的直接影响及其与企业盈利和成长之间的相关关系，同时也反映出企业的服务环境、企业文化、人力资源、经营管理对企业创造价值的支持关系，这为我们有效整合服务价值链、通过提高服务质量创造更多价值、提升企业核心竞争力、促进企业成长指明了方向。

可以从以下几个方面来理解服务价值链：

（1）企业服务价值链由一系列环节组成，这些环节存在着一定的相关关系。只有将各环节"链"起来形成一个有机整体，才能真正为客户创造价值，提供超值服务，招揽和保持客户，促进企业的发展。

（2）在价值活动组织上，制造企业设计和构建面向客户的服务价值活动及其结构，把企业内外部价值活动和价值目标有机地结合起来，是"将客户感知服务质量作为企业经营第一驱动力的一种总体的组织方法"。

（3）一个企业要想在服务价值链上处于有利地位，必须培育和形成自己整体的核心优势。企业在其中一个或几个环节中表现优秀并不困难，但要在所有环节中表现优秀并形成"链"，进而有效转动，则是一项长期而艰巨的"工程"，它不仅需要专业能力，还需要整合能力。

（4）服务价值链上的关键环节是客户满意和忠诚，而让客户满意和忠诚的关键在于员工满意和忠诚。因此，树立"以人为本，服务创新"的营销理念，建立一支以客户为导向、以服务为理念的员工队伍是打造出色服务价值链的基础。

（5）制造企业不仅需要对直接的服务活动，如客户服务与销售服务，进行有效的以客户感知价值为目标的服务，而且需要将那些被视为与客户价值生成不直接相关的行政管理、法律和财务日常管理活动转化成服务，并积极地推进、设计和有效地管理。

（6）服务价值链在通过其基本环节创造价值的过程中，还必须依赖那些辅助环节，通过改善经营环境、提升服务理念、塑造服务文化、加强经营管理等，可以大大促进企业的价值创造[10-11]。

传统观念认为，制造的价值功能在于通过产品向客户传递价值，现代制造观念则更关注为客户持续创造服务价值。制造企业设计、管理和再造服务价值链，提高内部服务品质、员工满意度、员工忠诚度、员工生产力，实现客户创造价值和提升满意度与忠诚度，从而增强企业价值创造与盈利能力。同时，制造企业的服务环境、服务文化、人力资源、经营管理对企业创造价值起到有效的支撑作用。

▷▷ 8.4.2 基本服务到个性化服务

差异化服务战略是企业为了满足客户的差异化需求，运用新知识、新方法整合配置企业内所有资源，整体设计企业的科技力、资本力、生产力、文化力、组织力等诸多方面的管理体系，将组织理念、行为、产品、服务及一切可感知的形象，实现统一化、合理化、标准化与规范化，使之成为能够认知、辨别、评价企业最终服务质量的依据，促进潜在客户购买企业产品，培育客户忠诚，并使企业在经营与竞争中赢得客户的有力手段，是企业塑造核心竞争能力、对内对外相互沟通衔接的经营战略体系。企业面对日益激烈的竞争，在做好基本服务的同时，要提供更多的个性化服务[12]。

建立差异化服务战略由了解客户需求，设计价值定位、产品方案，制订详细的客户群产品方案、实施产品方案、制订沟通计划等顺延的、闭环的步骤组成。

（1）了解客户需求。企业必须十分清楚各细分客户群的期望和需求，深入了解、把握客户的期望和需求，才能成功地实施既定的差异化服务战略。

（2）设计价值定位、产品方案。为了满足并持续超越客户的期望，企业需要仔细分析客户、客户群及各主要目标市场，找到企业在产品服务组合方面及客户需求方面可以改进的地方，设计价值定位及产品方案，从而为制订差异化服务战略奠定基础。

（3）制订详细的客户群产品方案。针对不同客户的需求，企业应该制订详细的客户群产品和服务解决方案，使企业能够充分调动自己的资源来随时随地地满足客户群的各种需求，从而持续提升客户服务水平。

（4）实施产品方案。企业在引入新产品和服务时，根据对市场及客户的需求，不仅要通过调整产品和服务组合来适应目标市场的需求及变化，还应该使企业的客户服务组织也能适应目标市场的需求及变化，从而培育并促进市场的繁荣与发展。

（5）为了组建成功的客户服务机构组织，企业需要全方位地培养专业服务人员。

（6）为了创造价值，企业需要提高服务质量，组建健全的服务系统，从而能够向客户提供高品质服务，持续扩大客户市场。

（7）制订沟通计划。客户需求是不断变化的，企业要在市场竞争中占据优势，就必须及时掌握客户需求的变动，并相应地改进自己的客户服务工作，这就要求制订有效的沟通计划。通过沟通计划的执行，努力接近客户，收集情报、提供建议、总结经验、反馈信息，与客户一直保持紧密接触，促进销售，增进客户的满意度和忠诚度。

以民用飞机客户服务为例。民用飞机制造企业的直接客户是航空公司，因此民机服务主要是围绕航空公司在维修和飞行运行方面的需求而开发并提供的，以保障航空公司使用飞机的安全、可靠以及经济性。然而各大飞机主制造商并不仅仅局限于传统的飞机制造业，他们不断挖掘航空公司的服务需求，整合服务能力和服务包，持续向全数字化、全电子化的增值服务模式转型。当前民用飞机行业的服务业务可用图8-5描述，即依据利润、成本、性能三个特点，划分为以下三类服务：

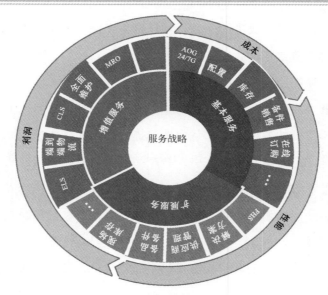

图 8-5　民用飞机服务业务分类

（1）基本服务（Fondation Service），即满足飞机的安全、可靠飞行的基本服务项目，也是主制造商在飞机交付后必须向客户、航空公司提供的基本服务项目，是飞机安全飞行的基本保障性服务。这类客户服务属于行业内必须提供的服务，并且需要满足行业最低的服务标准。

（2）扩展服务（Extended Service）。在满足行业的基本服务项目和服务标准基础上，可进一步根据客户需求提供扩展性、衍生的服务项目，这些服务的主要目标是提高客户满意度。主制造商提供的这类服务不仅仅是满足飞机的安全与可靠性，更多的是协助航空公司经济性地使用飞机，降低运营成本。

（3）增值服务（Value Adding Service）。增值服务属于创新性的服务，或高度定制化的客户服务解决方案。主制造商往往通过这些服务获取利润，但这些服务通常有比较高的进入门槛，才能保证一定的利润率，而不会短期内被竞争对手复制或通过低价等策略，消减利润空间。

8.5 从创新的视角看生产性服务业的发展

▷▷ 8.5.1 生产性服务业与制造业的集成创新

生产性服务（Producer Services，又称为生产者服务）的概念最早由弗里兹·马克卢普（Machlup）在 1962 年提出，他认为生产服务必须是产出知识的产业[13]。随后，美国经济学家格林菲尔德（Greenfiel）在其著作《生产性服务的力量与增长》中提出，生产性服务业是企业、非营利组织和政府主要面向生产者而不是消费者提供的服务产品和劳动[14]。生产性服务业具有知识密集、技术密集、信息密集、人才密集的特点，是知识经济的先导产业，代表着服务业乃至世界经济的未来发展方向。美国、欧洲、日本等发达国家和地区的服务业增加值占整个国家 GDP 的比重已经超过 60%，其中，生产性服务业占服务业的比重达到 50%以上。

在经济全球化的今天，全球价值链上的主要增值点、盈利点和国际产业竞争的焦点越来越集中于"微笑曲线"两端的生产性服务。因此，生产性服务业是当代经济良性发展的一个必要条件，同传统的服务业相比，它是一种高智力、高集聚、高成长、高辐射、高就业的服务产业。随着技术创新周期的缩短、生产专业化程度的加深以及国际市场竞争的日益激烈，企业对知识技术密集型生产性服务业市场的需求有所增长，企业的生产过程也越来越依赖于生产性服务业，加快发展生产性服务业是推动产业结构优化升级的迫切要求。

生产性服务业与制造业的集成创新主要体现在以下几个方面：

1. 生产性服务与产业结构调整

生产性服务贸易的蓬勃发展，引起了以服务业为主导的全球产业转移浪潮。随着信息技术的应用和产业分工的深化，跨国公司依靠项目外包、离岸业务及直接投资等转移方式，逐渐将某些服务产业转移至劳动力成本低而劳动力素质高的新兴工业化国家，如印度和中国等，服务业大规模转移带来新一轮的产业结构调整和布局调整[15]。

2. 生产性服务外化与外包

随着信息技术的迅速发展，特别是互联网的普及与应用，服务外包发展迅速。尽管生产性服务活动是工业企业的价值链中不可或缺的一环，但制造业的变革需求和服务业的开放，使以往由企业内部自行提供的服务逐渐分离给专业服务企业[16]。生产性服务业由"内部化"向"外部化"的演进趋势，是专业分工逐步细化、市场经济逐步深化的必然结果。企业要充分发挥核心竞争力，就必须把自己所不擅长的那部分业务外包出去，从而更加聚焦于自己的核心业务，而相关的专业外包公司也能提供更加专业、优良的服务，降低企业的成本，这是一个双赢的局面。服务外包已经成为企业获取专业技术和人才、减少开支、增加竞争优势的主要手段之一。

3. 生产性服务业与制造业之间呈现互动发展的趋势

当前制造业产品生命周期的每个阶段都伴生服务需求。以金融、物流、信息等为主的生产性服务业与制造业的关系日益紧密，服务业与制造业进入了一个高度相关、双向互动的阶段[17]。首先，制造业是服务业产出的重要需求部门，许多服务业部门的发展必须依靠制造业的发展。而生产性服务业是制造业生产率得以提高的前提和基础，没有发达的生产性服务业，就不可能形成具有较强竞争力的制造部门[18]。其次，制造业的中间投入中服务投入所占的比例越来越大，作为制造业的"高级"输入，生产性服务通过提高效率和降低制造成本来增强制造业的竞争优势。再次，制造业服务化的趋势日益明显，企业运作管理从制造领域延伸到了产品应用服务领域；企业运作从单纯地向客户提供产品转变为向客户提供基于产品的应用增值服务，服务在企业产值和利润中的比重越来越高；制造企业逐渐将非核心业务外化，通过产业链中不同企业的分工协作，整合自身的技术平台和服务平台，以进一步做强自己的核心业务，同时也分散了制造企业的风险；通过制造与服务的协作集群，构成了产业集群的制造服务支撑体系。

4. 生产性服务集群化

生产性服务业与制造业类似，都具有集聚经济的特征，而且生产性服务业更倾向于城市化经济，即城市规模增加，生产性服务业成本相应下降[19]。生产性服务业集群是指以利用企业聚集的网络效应，来形成以降低交易费用为主要目的的生产性服务类企业群。集群化的根本动因在于集群的网络效应。从理论上讲，生产性服务业集群存在的依据是，集群所创造的总价值大于单个企业所创造价值的总和[20]。

5. 工业生产性服务业逐渐形成完整的产业链

近几十年来，发达国家的生产性服务业发展经验表明，生产性服务业将逐渐形成一个完整的产业链，这条产业链能够为企业提供产品生命周期的全方位支持。生产性服务以一种服务形式的生产资料进入产业链，主要以技术研发、管理咨询、信息服务、营销服务等技术资本和知识资本密集的活动参与到生产过程中，它们通过扩大技术资本与知识密集型生产，提高劳动与其他生产要素的生产率，为生产者提供专业化的知识资源和技术服务[21]，满足生产者对获取外部知识密集型生产性服务的需求。因此，生产性服务更适应产业链上各服务对象的需求，能创造更多的产品附加价值。一个生产企业在世界市场上保持竞争地位的关键是保持产业链的服务优势，因为贯穿于生产各个阶段的服务在产品价值链中开始胜过物质生产阶段[22]。

▷▷ 8.5.2 生产性服务业促进制造企业创新

生产性服务业的发展在模块化和定制化方面促进了制造企业的创新。

1. 模块化

从制造业中分离而出的生产性服务业，与制造业之间存在着密切的关系。生产性服务业在一定程度上受到了传统标准化创新的影响，但由于其同时要满足不同客户的特定需求，因此生产性服务业在一定程度上是定制化的。由此，模块化创新便在这样的标准化与定制化之间产生，即生产性服务企业在拥有标准化的产品要素及后台程序的同时，还须根据客户的需求对标准产品要素通过组合等形式进行改造，以满足定制化需求。

2. 定制化

生产性服务业的具体行业服务对象主要是一般生产者，其客户通常有具体的定制化需求，因此生产性服务业的创新目标及服务产品则主要针对客户的特定需求，使其在创新的同时也具有定制化的特点，生产性服务企业在此时达到了创新的最高程度。

8.6 服务创新与产品创新的联系

▷▷ 8.6.1 服务创新与产品创新的不同点

就制造业企业而言，产品的开发与设计是明确而重要的概念，但是不包括对生产制造系统进行设计。服务创新设计则必须将服务本身与其传递系统作为一个整体进行考虑。不同于制造业在产品开发设计、生产系统开发设计等方面可分别进行的特点，服务的不可分离决定了服务产品与服务提供过程在实际中是相互融合在一起的。因而服务创新就意味着需要将服务产品开发和服务传递系统开发作为一体进行研究、开发。服务传递系统既包括工具、设备等硬件部分，还包括流程、人员管理体系、质量管理体系等软件部分。硬件部分由于服务自身的独特，其发挥的作用远没有在制造业中的重要，所以在服务创新中，软件部分的设计与开发处于相对重要的地位。此外，服务的柔性受到其不可保持的限制，为平衡供需矛盾，服务能力设计在服务创新中显得尤为重要。

投入—变换—产出是制造业生产运作的主要过程，没有投入就没有产出，原料、能源、半成品、劳动力等诸多资源的投入是生产的前提与保证。一系列的标准与规格就是产品创新设计的结果，按照标准和规格生产出的产品即为合格产品，否则为次品或废品。产品设计的理念可以是抽象的，也可以是形象的，可见、可测量。由于受到生产设备等方面的成本限制，产品设计一经确定，无法轻易更改，按照同样的标准生产出来的产品必定是相同而标准化的，几乎不存在差异。然而，服务只是通过行为或过程来满足客户的需求，虽然过程中有设备或工具的使用，但很少涉及原材料投入这一说法。服务创新设计的最终产物是一个想法、一种理念或是实施这一理念的过程描述，很少有标准的限制。服务创新设计更加注重思维清晰程度之类的不可触摸因素。服务设计完成后，可以在向客户提供服务的过程中根据客户的不同需求及时进行修改和调整，并控制改变设计的成本。因此可能扩大所提供服务的差异性，在一定程度上偏离了原有的设计，但并不意味着服务的失败。

服务创新的程度有很多，大到完全创新，小到简单的式样的变化，具体包括以下几种：

（1）完全创新，即采用全新的方法来满足客户的现有需求。

（2）进入新市场的服务，即一些已有的服务进入新的市场。

（3）为现有服务市场提供新的服务，即使这种服务在其他市场已经存在。

（4）服务延伸，即扩大现有的服务产品的品种。

（5）服务改进，即改变已有服务的性能，是一种最常见的创新方式。

（6）风格改变，这种改变并不是从根本上改变服务，只是改变其外表，就如为消费品改换包装一样。

服务创新以渐进的模式进行，不同于常常通过重大变革而进行的激进式产品创新。服务企业通过客户的反馈而不断地改进服务，而产品创新通常类似于新技术给市场带来新产品的改变。Atuahene-Gima 于 1996年提出，服务企业在其服务创新中，与其现有的组织技能及程序的相容性不如制造业企业好，这在激进式创新中尤为突出。这是由于对于实体产品而言，它只是生产环节中的一部分，新的实体产品可以使用现有系统而不会受到原有投资的限制，但对于服务就是完整的服务递送体系，开发新的服务就意味着要在该体系上重新投资并放弃原有体系，这体现出了服务创新中的惰性。

▷▷ 8.6.2　服务创新与产品创新的统一性

纯有形产品、伴有服务的有形产品、伴有产品的服务以及纯服务，是企业向目标市场所提供的产品或服务的主要类型。但是在实际中企业提供的大部分是有形产品和服务的结合体，极少提供纯有形商品及纯服务。产品创新和服务创新对企业都有着极为重要的影响。提供高技术的产品和高质量的服务，能增加制造业的活力，也能提升服务业的潜力。因此，产品创新与服务创新有相当大的统一性，主要体现在以下两方面：

1. 产品创新能引发服务创新

新产品的出现一般会催生相应的服务需求。帮助客户获得与有形产品相关的利益，往往通过服务得以实现，如汽车与汽车租赁、保险、维修等服务需求的关系。此外，新设备的出现可以加速现有服务的递送，同时引入新服务。所以，产品创新为服务创新提供了基础，产品创新在一定程度上促进了服务内容、服务理念、服务方式的创新。

2. 服务创新是产品创新成功的保障

由于服务能够转换成产品，所以服务创新也有助于产品的创新。服务活动已经成为社会生产系统和社会生产活动的基础，服务创新为产品创新提供了保障。产品创新若脱离了服务创新，单从工艺、技术方面讲，并不能真正满足客户需求，还会造成资金浪费等现象。产品创新若以服务创新为辅，成功的概率就会大大提升。服务所主导的竞争战略也是企业在竞争激烈的市场中获取优势的重要手段，优质的服务能够提高客户满意度，有助于企业树立良好的品牌形象及声誉，从而使客户更加愿意接受企业对产品的创新[23]。

参 考 文 献

[1] 何哲，孙林岩，贺竹馨，李刚. 服务型制造的兴起及其与传统供应链体系差异[J].软科学，2008，22(4):77-81.

[2] 何哲，孙林岩，朱春燕. 服务型制造的概念、问题和前瞻[J]. 科学学研究，2010，28(1):53-60.

[3] 孙林岩，李刚，江志斌，郑力，何哲. 21世纪的先进制造模式——服务型制造[J]. 中国机械工程，2007，18(19):2307-2312.

[4] 余锋，裴珍珍，杨晓娟，等. 服务创新，伴您畅游蓝海[J]. 通用机械，2009(1):41-44,47.

[5] 高运胜. 上海生产性服务业集聚区发展模式研究[M]. 北京：对外经济贸易大学出版社，2009.

[6] 张秋莉，盛亚. 国内服务创新研究现状及其评述[J]. 商业经济与管理. 2005(7):19-23.

[7] 刘建兵，柳卸林. 服务业创新体系研究[M]. 北京：科学出版社，2009.

[8] Barras. Towards a Theory of Innovation in Services[J]. Research Policy，1986，5(4):161-173.

[9] Callouj F.Innovation in the Service[M]. London: Edward Elagr，2002.

[10] 原小能. 制造业创新与服务业创新：比较与融合[J]. 财贸研究，2009,20(3):14-19,29.

[11] 林光平. 基于结构与价值关系的制造服务价值链研究——以装备制造业为背景的实践与分析[D]. 成都：电子科技大学，2008.

[12] 于学鹏. 兴业银行票据业务集中差异化竞争战略研究[D]. 上海：复旦大学，2009.

[13] Machlup F. The Production and Distribution of Knowledge in the United States[M]. New Jersey: Princeton University Press, 1962.

[14] Greenfield H I. Manpower and the Growth of Producer Services[M]. New York & London: Columbia University Press, 1966.

[15] Han Jing, Li Qin. New Developing Trend of World Producing Services Industries and

China's Strategy[J]. Aroud Southeast Asia，2008(4):86-89.

[16] Erika Nagy. Transition and Polarisation: Advanced Producer Services in the Emerging Regional（Market）Economies[J]. the Service Industries Journal，2005，25(2): 229-251.

[17] Karmarkar U. Will You Survive the Services Revolution?[J]. Harvard Business Review，2005，82(6): 100-107.

[18] 杨春立，于明. 生产性服务与制造业价值链变化的分析[J]. 计算机集成制造系统，2008，14(1):153-159.

[19] 高春亮，乔均. 长三角生产性服务业空间分布特征研究[J]. 产业经济研究，2009(6):38-43.

[20] 张凤杰，陈继祥，张立. 生产性服务业集群中的技术创新扩散转让费博弈[J].工业工程，2008 11(3):20-23.

[21] 高汝嘉，张洁. 知识服务业——都市经济第一支柱产业[M]. 上海:上海交通大学出版社，2004.

[22] Han Jing，Li Qin. New Developing Trend of World Producing Services Industries and China's Strategy[J]. Aroud Southeast Asia，2008(4):86-89.

[23] 赵宇飞，任俊生，张馨木. 服务创新与有形产品创新之比较[J]. 工业技术经济，2012(8):112-119.

9

TRIZ 创新方法

9.1 TRIZ 的基本内容

▷▷ 9.1.1 TRIZ 的起源

TRIZ 是"发明问题解决理论"的俄语缩写，由苏联发明家根里奇·阿奇舒勒（G.S.Altshuller）于 1946 年创立，其英文含义是 the Theory of Inventive Problem Solving；阿奇舒勒领导数十家研究机构、大学、企业织成了 TRIZ 的研究团队，通过对世界几十万份发明专利进行分析研究，基于系统论思想创立了 TRIZ 理论。

▷▷ 9.1.2 TRIZ 的基本观点

TRIZ 理论的核心是消除矛盾及技术系统进化的原理，并建立基于知识消除矛盾的逻辑化方法，用系统化的解题流程来解决特殊问题或矛盾。核心思想主要体现在以下三个方面[1]：

（1）任何一个技术系统的发展都遵循着客观的规律，具有客观的进化规律和模式，各种技术难题和矛盾的不断解决是推动这种进化过程的动力。

（2）创新实践中遇到的工程矛盾及解决方案总是重复出现的，彻底解决工程矛盾的创新原理和方法容易掌握，而且，解决本领域技术问题的最有效方法往往来自其他领域的科学原理。

（3）技术系统发展的理想状态是用最少的资源实现最大效益的功能。

▷▷ **9.1.3　TRIZ** 的解决问题流程

　　TRIZ 解决问题流程如图 9-1 所示[2]，首先将要解决的具体问题加以明确定义；其次，根据 TRIZ 理论提供的方法，将需要解决的具体问题转化为问题模型；然后，运用矛盾矩阵和创新原理定位解的方向；最后，沿解的方向寻求具体方案。在这个过程中，中间步骤相对来说是程序化的，而前处理和后处理则仍然需要经验和知识的支持。

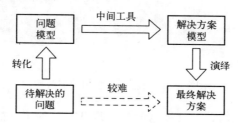

图 9-1　TRIZ 解决问题流程

　　TRIZ 解决问题的一般流程为：通过问题定义，根据功能分析，设定最终理想解，资源分析并分析矛盾，根据不同的问题情景，将待解决问题转化，采用相应工具分析并得到原理解，然后对原理解进一步详细设计等，得到问题的具体解决方案。

9.2　TRIZ 的发展历史及发展趋势

▷▷ **9.2.1　TRIZ** 的发展历史

　　如图 9-2 所示，TRIZ 的演变和发展大致经历了以下 4 个发展阶段[3]：

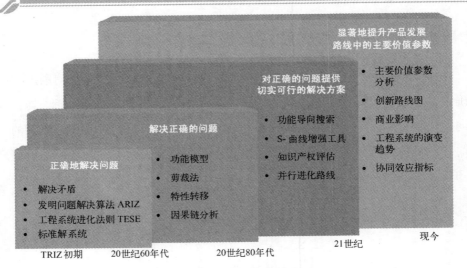

图 9-2　TRIZ 的演变和发展阶段

（1）正确地解决问题。具体包含的经典 TRIZ 的工具如技术矛盾、物理矛盾，发明问题解决算法 ARIZ，工程系统技术进化法则 TESE，标准解系统。

（2）解决正确的问题。在不断的发展中，经典 TRIZ 暴露出对于问题的分析不足的问题，这一阶段增加了一些分析问题的工具，如功能模型、裁剪法、特性转移、因果链分析等，可以系统分析问题的根本原因及建立新的问题，帮助正确地寻找问题。

（3）对正确的问题提供切实可行的解决方案。这一阶段的主要目的是以最小或最低的代价提供切实可行的创新解决方案，包含借鉴其他领域或相关知识产权的解决方案。

（4）提升产品发展路线中的主要价值参数。随着 TRIZ 的不断推广，要解决企业面临的最大问题，TRIZ 产生的创新解决方案应能为企业带来最大的商业价值。

▷▷ 9.2.2　TRIZ 的发展趋势

TRIZ 理论松散，结构复杂，并且很多工具虽然功能很强大，但是也存在很多不足之处。目前的 TRIZ 理论方法的发展趋势总结如下[4-5]：

1. 完善理论体系，增加系统严谨性

这方面的提高主要有：发展集成工具使得所有创新问题可以采用相同的处理路径；研究开发新的 TRIZ 工具，如问题分析、功能分析和裁剪法、功能导向搜索法等；TRIZ 知识效应库的扩展，增加信息技术和生物技术成果；ARIZ 新版本算法等。

2. 主要工具的改进

（1）矛盾矩阵。从 2000 年开始，Creax 公司和 Ideation International 公司的科学家共同合作，对 1985—2002 年的 15 万个专利进行了分析，在此基础上，推出了 2003 版面向工程领域的矛盾矩阵，新矩阵在形式和内容上都得到更新，通用技术参数增加到 48 个，补充了 37 个组合创新原理。

（2）物场模型和 ARIZ。在广泛使用的 ARIZ85-C 版本基础上不断完善，如整合功能导向搜索技术。

（3）其他改进。用于技术预测的 S 曲线、技术进化理论的完善与改进以及进化树理论的提出等，进一步指导 TRIZ 对未来产品方向的预测。

3. 研究方法和手段的改进

很多学者认为，TRIZ 理论的继续完善和提高，仅仅通过研究技术专利是不够的。TRIZ 的强大来自于其结构化的知识方法论，因此现代 TRIZ 应该广泛地从管理科学、自然科学和艺术等全人类的知识遗产中吸取营养，才能真正成为指导创新活动的科学。

4. 向非技术领域不断扩展

TRIZ 理论主要应用于产品设计等传统技术领域，随着 TRIZ 的进一步推广，越来越多的工具可以应用于企业管理、社会政治、教育等非技术领域，据统计，可用于非技术领域的 TRIZ 工具集有创新原理、矛盾分析、物质场模型、理想度、系统演化趋势等。

5. 与其他设计理论的整合

TRIZ 理论要想在产品生命周期中发挥更大的作用，必须与其他方法进行整合。一般来讲，在产品开发周期中，TRIZ 在技术战略选择和产品新概念产生阶段作用最大。TRIZ 与其他创新方法的有机整合研究是产品设计界的一个热点，此方法主要包括质量功能展开（QFD）、稳健设计、价值工程、约束理论、公理化设计、六西格玛设计（DFSS）、田口方法和并行工程等。

▷▷ 9.2.3　TRIZ 在中国的发展

我国对 TRIZ 的研究起步较晚，始于 20 世纪 90 年代末，天津大学牛占文教授曾发表过针对 TRIZ 的介绍性文章，此后 TRIZ 逐步引起了我国对 TRIZ 的关注。纵观相关文献，我国对 TRIZ 的研究系统性和深入性方面仍存在较大不足。目前国内的相关著作的内容主要限于对该理论基本内容的介绍。

9.3　经典 TRIZ 的工具

▷▷ 9.3.1　经典 TRIZ 的工具体系

经典 TRIZ 工具体系如图 9-3 所示。

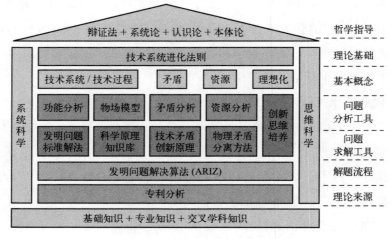

图 9-3　经典 TRIZ 工具体系

▷▷ 9.3.2　技术系统进化法则

　　TRIZ 认为技术系统的进化和发展并不是随机的，而是遵循着一定的客观规律。这些进化规律适用于所有的工程系统。而这些客观规律的抽象总结就是技术系统进化法则，受篇幅所限，这里只列举有关进化法则的简要内容，具体细节请参见有关材料。

- 完备性法则。
- 能量传递法则。
- 协调性法则。
- 提高理想度法则。
- 动态性进化法则。
- 子系统不均衡进化法则。
- 向微观级进化法则。
- 向超系统进化法则。

▷▷ 9.3.3　技术矛盾和 40 个创新原理

　　TRIZ 认为，创造性问题是指包含至少一个矛盾的问题。当系统某个特性或参数得到改善时，常常会引起另外的特性或参数恶化，该矛盾称为"技术矛盾"。其形式为当使 X 改进时，Y 就会恶化，其中，X、Y 为系统的某个特性或参数。例如：

　　（1）若使机械系统的灵活性提高，那么对于该系统的控制就会降低。

　　（2）在建筑上，要想提高承重梁强度，那么必然加大其截面面积，从而使承重梁的重量增大。

　　解决技术矛盾的传统方法是在多个解间寻求"折中"，即"优化"，但每个参数都不能达到最佳值。而 TRIZ 则是努力寻求突破性方法消除冲突，即"非折中"。为了解决参数变化引起的技术矛盾，AItshuller 从他所研究的 4

万个专利解决方法中发现可用 39 个参数来描述系统改进或劣化，每个问题可以描述为 39 个参数中任意 2 个参数间的冲突，过去的许多专利从不同领域多次重复地解决了这些矛盾。同时，AItshuller 根据这些解决方法总结了40 个创新原理用于解决这些矛盾，详见表 9-1。

表 9-1　40 个创新原理

序　号	发明原理	序　号	发明原理	序　号	发明原理	序　号	发明原理
1	分割	11	事先防范	21	快速通过	31	多孔材料
2	抽取	12	等势	22	变害为利	32	改变颜色
3	局部质量	13	反向作用	23	反馈	33	同质性
4	非对称	14	曲面化	24	中介物	34	抛弃或再生
5	组合	15	动态特性	25	自服务	35	物理/化学状态变化
6	多用性	16	不足或超额行动	26	复制	36	相变
7	嵌套	17	空间维数变化	27	廉价替代品	37	热膨胀
8	重量补偿	18	机械振动	28	机械系统替代	38	强氧化剂
9	预先反作用	19	周期性作用	29	气压和液压结构	39	惰性环境
10	预先作用	20	有效作用的连续性	30	柔性壳体或薄膜	40	复合材料

▷▷ 9.3.4　物理矛盾

TRIZ 的另一类矛盾是"物理矛盾"，指系统同时具有矛盾或相反要求的状态。例如，在输电线路中，可以通过增大导线截面面积以降低电阻，以减少电能损耗，但是为了保证单位长度上导线重量减少，因此需要尽可能地减小导线的截面面积，因此就导线截面面积问题提出了完全相反的要求，因而产生了物理矛盾。

TRIZ 解决物理冲突的核心思想在于实现矛盾双方的分离，TRIZ 采用分离原理解决冲突，分离原理包括空间分离、时间分离、条件分离、总体与部分分离四种方法[6-8]。

1．空间分离原理

空间分离原理是指将冲突双方在不同的空间上分离，以降低解决问题的难度。

2．时间分离原理

时间分离原理是指将冲突双方在不同的时间段上分离，以降低解决问题的难度。

3．条件分离原理

条件分离原理是指将冲突双方在不同的条件下分离，以降低解决问题的难度。

4．总体与部分分离原理

总体与部分分离原理是指将矛盾双方在不同的层次上分离，以降低解决问题的难度。

▷▷ 9.3.5　物场分析和 76 个标准解

9.3.5.1　物场分析

阿奇舒勒发现了下列简单通用的定律[9]：

（1）所有功能可以分解成三个基本要素。

（2）为了实现特征功能，必须要有三个基本要素。

（3）特征功能是由三个要素共同组成的。

Altshuller 认为，组成特征功能的三要素是两种物质和一场。物质通常被称为东西或实体。两种物质和一场正确组合在一起就形成了一个三单元组（称作"物质—场或"S-场"），由此产生特征功能。三单元组表明它本身可当行为、操作或性能，一个 S-场就是一种特征功能。

如图 9-4 所示为物场基本模型，S 表示物质，其中，S_1 表示功能作用体（也称被动物体），是希望发生变化的物体；S_2 是功能载体（也称主动物体），是对功

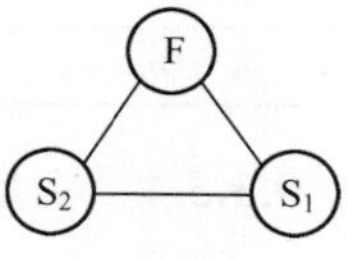

图 9-4　物场基本模型

能作用体施加动作的物体。F 是指两个物体之间的相互作用，包括电场、磁场、重力场、温度场、声场、机械场等。

9.3.5.2　物场模型的分类

物场模型可以用来描述系统中出现的问题，主要有四种问题模型：①有用并且充分的相互作用；②有用但不充分的相互作用；③有用但过度的相互作用；④有害的相互作用。

常用的物场中物质相互关系的符号如图 9-5 所示。

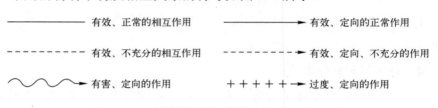

——————— 有效、正常的相互作用	————————▶ 有效、定向的正常作用
- - - - - - - 有效、不充分的相互作用	- - - - - - - ▶ 有效、定向、不充分的作用
∿∿∿▶ 有害、定向的作用	+ + + + +▶ 过度、定向的作用

图 9-5　常用的物场中物质相互作用关系的符号

9.3.5.3　76 个标准解

为便于检索与应用，规定了标准解的级、子级、解的编号方式：S N.M.X，其中，S（Standards）表示标准解，N 表示所属级，M 表示子级，X 表示解的序号。例如，S2.2.3 表示标准解第 2 级第 2 子级第 3 解。表 9-2 为 76 个标准解构成[10]。

表 9-2　76 个标准解的构成

级　别	标准解系统名称	子系统数量
第一级	基本物场模型的标准解系统	13
第二级	强化物场模型的标准解系统	23
第三级	向双、多、超系统和微观级系统进化的标准解系统	6
第四级	测量与检测的标准解系统	17
第五级	裁剪与改善策略标准解系统	17

9.3.5.4　物场模型标准解应用流程

物场模型标准解应用流程如图 9-6 所示。

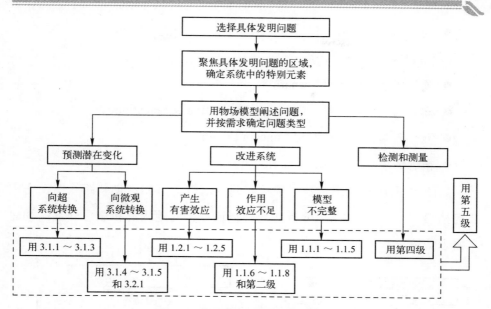

图 9-6 物场模型标准解应用流程

9.4 现代 TRIZ 创新路线图

▷▷ 9.4.1 TRIZ 创新路线图

在这里将讨论如何以最有效的方式使用所有的 TRIZ 理论。在完整的 TRIZ 创新路线图中，除了经典 TRIZ 的部分，还包含下面的有效方法和最佳实践经验[11]。

（1）有效的方法如下：

● 系统功能分析（价值分析与价值工程，Value Engineering）。

● 根本原因分析（Root Cause Analysis）。

● 失效模式及效应分析（Failure Mode and Effect Analysis）。

● 混合（替代）型系统设计（Hybrid System Design）。

- 裁剪（Trimming）。

（2）最佳实践经验如下：

- 项目情境（Project Scenario）。

- 概念的评估与选择（Concepts Evaluation & Selection）。

- 混合概念设计（Hybrid Concept Design）。

- 概念情境（Concept Scenario）。

如图 9-7 所示为用于建立项目和问题求解的 TRIZ 创新路线图，它主要包括 3 个部分：①系统分析和问题描述；②问题求解和概念开发；③建立概念情境。

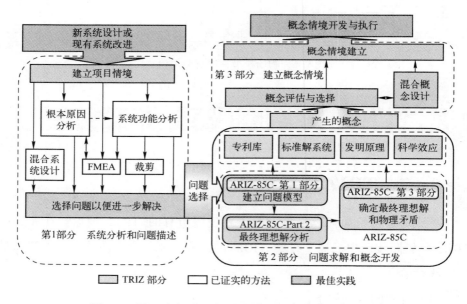

图 9-7　用于建立项目和问题求解的 TRIZ 创新路线图

▷▷ 9.4.2　系统分析和问题描述

第 1 部分系统分析和问题描述的输入为改进新系统设计或现有系统，如

图 9-8 所示。五个最有效的系统分析和问题描述方法为：根本原因分析、系统功能建模与功能分析、失效模式与影响分析（FMEA）、混合型系统设计以及裁剪，这些方法被收集在第 1 部分，而此部分的产出为选定要进一步解决的问题。

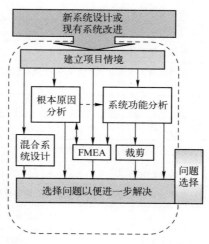

图 9-8　系统分析与问题描述

　　建立项目情境是一个根据众多项目团队经验所发展出来的方法，其主要功能是准备替项目系统做进一步的分析，建立项目情境会用到部分的 TRIZ 理论。

一、建立项目情境（Project Scenario）

　　任何类型的第一阶段都是建立项目情境，项目情境必须包含以下六个阶段：

　　（1）由项目团队报告初期状况，包括任何要求被报告的信息。针对要进行的项目，填写项目登记表（Project Registration Form），见表 9-3；利用这个登记表，对缩短 TRIZ 课程训练与实际应用的差距相当重要。

表 9-3　TRIZ 项目登记表

序号	询　　问
1	项目成员、项目组长的名字、部门名称、联系方式
2	项目名称与项目相关系统的名称
3	系统结构、系统的主要功能与其他附加功能
4	说明需要项目中系统主要功能与其他附加功能的原因
5	系统图示：描述每个元件的名称、每个元件的功能；假如是过程，描述过程的流程与控制参数
6	说明系统的运行原理
7	说明项目中要解决的问题以及为什么要解决这个问题
8	列出项目目标，每个目标应该有目前实际参数值与必须达成的参数值
9	说明最佳概念选择的条件与标准
10	列出为解决问题所做的试验与经验，并解释为什么这些经验不能成功
11	描述竞争者手中可用的科技与解决方案（专利与所用的方法）
12	描述改进系统的任何限制条件

（2）选择正确的项目话题和正确的初期问题定义。在多数情况下，项目团队未能选择和定义项目的正确话题，也未能初步定义所陈述的问题，因此很多公司损失了时间和资金。约 80%的案例中，我们都改变和更正了话题及最初陈述的问题。在项目场景阶段，启动项目以选择正确的话题和正确地定义话题，非常重要。

（3）准备清晰易懂的项目系统图片。为项目做准备时，在图像材料方面不应节约时间和资金。简单易懂的图片、照片和其他图形材料会在项目准备的后续阶段为你节约时间。简单的投影片在很多时候都大有帮助。

（4）制作预期列表清单。工程设计应实事求是。过高估计项目结果会令团队陷入困惑与不确定的境地。过低估计项目结果会削弱团队的力量，应在两者间保持平衡。

（5）制作时间—空间—物—场资源及其参数的清单。在项目开始时，团队就应该倾向于用现有的且可变的资源，并为此做好心理准备。这会引导团队获得最有创意和理想的解决方法。

（6）建立 TRIZ 项目创新路线图。这是项目场景的主要阶段。各项目组应该从 TRIZ 和其他经证实的方法中选出合适的模块（价值分析/价值评估、根本原因分析、混合系统设计、失效模式与影响分析、质量工程展开、价值工程、六西格玛、六西格玛设计、精益生产），以确保项目的成功设置。

每个项目都应有其专门的项目创新路线图。

不同项目与问题产生的项目创新路线图案例如图 9-9～图 9-13 所示。

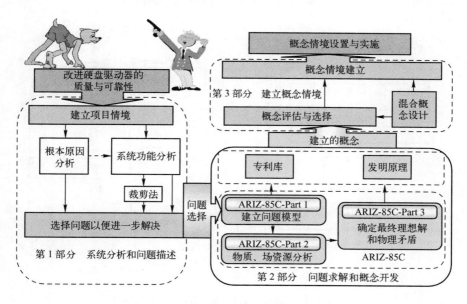

图 9-9　提高质量与可靠性项目的创新路线图

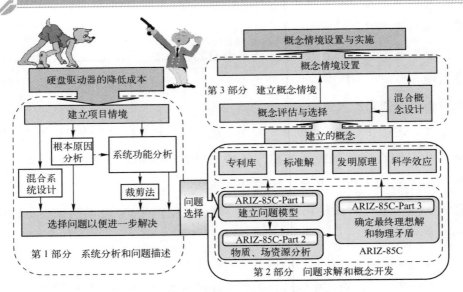

图 9-10　降低生产成本项目的创新路线图

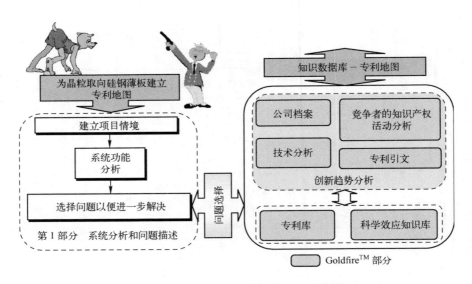

图 9-11　研发项目信息准备创新路线图

注：Goldfire 为支持计算机辅助创新的软件工具，可以实现专利库、知识效应库与相关的专利分析。

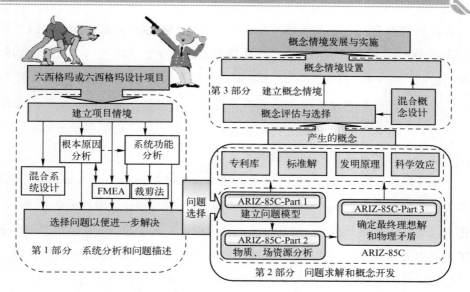

图 9-12　六西格玛与六西格玛设计项目创新路线图

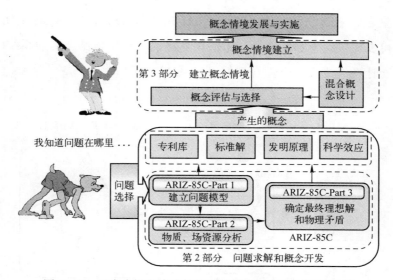

图 9-13　正确选择和陈述的问题的概念设置的创新路线图

二、根本原因分析

根本原因分析（Root-cause Analysis）是许多有效的方法之一，这些有效的方法包含精益制造、失效模式与影响分析（FMEA）风险管理、六西格玛设计（DFSS）和六西格玛等。根本原因分析是一个逐步的过程，可以找到问题的根源。一个行为和结果的明确进展会导致失败或者一个更简单的问题。

根本原因分析将最终的失败追溯到最开始的根源。很像福尔摩斯的演绎推理过程。能源分析能够确定真正的问题，裁剪初步陈述的问题。

三、系统功能建模与功能分析

系统功能建模与功能分析（System Functional Modeling and Analysis）是价值工程的主要组成部分。价值工程可以防止在产品/程序设计中的不必要成本，还可以确定和消除产品生产过程中的不必要成本。系统的功能建模定义和描述了系统组成部分和超系统元素的功能，同时也描述了某一系统是如何运作的。功能建模分析各组成部分间的相互功能，协助定义分析系统的问题。

四、混合（替代）型系统设计

如图 9-14 所示，混合型系统设计（Hybrid（Alternative）System Design）是一个可以比较类似功能的系统方法，这样的设计可以结合其他系统的最佳功能，而让系统成为一个混合型的优化系统。

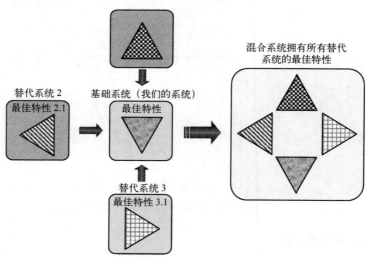

图 9-14 混合（替代）型系统设计

五、失效模式与影响分析

失效模式与影响分析（FMEA）是一种操作规程，旨在对系统范围内潜在的失效模式加以分析，以便按照严重程度加以分类，或者确定失效对于系统的影响。失效模式与影响分析被广泛应用于制造业的产品周期的各个阶段。失效原因在于程序、设计或者影响客户因素（潜在的或现实存在的）中的任何错误或者瑕疵。TRIZ 创新路线图的方法工具可以帮助完成 FMEA 表中的五个栏位，如图 9-15 所示。

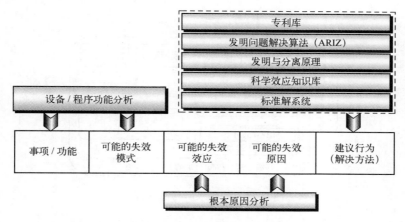

图 9-15　TRIZ 在 FMEA 中的功能应用

TRIZ 创新路线图的模块履行 FMEA 的功能，是 FMEA 表格的主要五个方面。

六、裁剪

裁剪是移除低价值的有问题元件，再转移被移除元件的有用功能至其他元件。裁剪可以改进系统、降低系统成本，同时保留必要的功能。在裁剪的过程中，问题最严重的元件（成本高、不能正常执行有用功能、有害功能的来源等）是裁剪的第一候选对象。

裁剪产生的各种设计方案会有不同的问题陈述，如果运用裁剪解决问题，可以产生高度创新的解决方案。

七、选择要进一步解决的问题

选择要进一步解决的问题在第一部分的最后阶段进行。项目团队应从第一部分应用所有方法整理出的问题清单中，选择最关键的问题。

▷▷ 9.4.3　问题求解与概念开发

第 2 部分问题求解和概念开发的输入是选定问题，产出为概念产生，如图 9-16 所示。

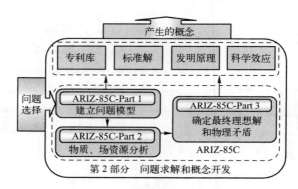

图 9-16　问题求解与概念开发

▷▷ 9.4.4　建立概念情境

第 3 部分建立概念情境包含三个步骤：概念评价与选择、混合概念设计和建立概念情景，如图 9-17 所示。

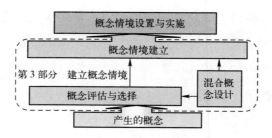

图 9-17　建立概念情境

一、概念评价与选择

概念评价与选择（Concepts Evaluation and Selection）帮助决定哪些概念需要进一步研究，哪些概念可于创新项目内实施，评价过程有以下两个步骤：

1. 建立一组参数

建立一组参数（见表 9-4）的让有潜能的概念可被分析、评分以及可利用总成绩来对这些概念进行排名。建议每组选定的阐述的评分重要性范围为 1～10，概念排名计算公式必须包含每个参数以及参数重要性。每个项目以及每个问题必须分别建立一组参数，下面是一些常用参数：实施阶段的成本、实施时间、理想性的层次、效率、投资回报率、可行性、生产成本、工作电压、生产力。

表 9-4　建立一组参数作为概念评价与选择

参数名称	符　号	重　要　性
实施时间	T	3
可行性	F	2
效率	E	4
生产成本	C	7

2. 概念排名（Ranking of Concepts）

建议将每个产生的概念指定到相关的参数值，并使用下面的参考值：

+5（远优于参考基准值）

+3（优于参考基准值）

+1（略优于参考基准值）

0（相当于参考基准值）

-1（略逊于参考基准值）

-3（不如参考基准值）

-5（远差于参考基准值）

二、混合概念设计

不同的概念具有不同的参数值。排名最好的概念有时参数评估值比其他概念差，建议以这些具有最佳参数值的概念为基础，建立一个混合概念。

三、概念方案建立

在现有系统改进与新系统设计的过程中，往往不止一个需要解决的问题，在项目的某个问题中只实施最佳概念或混合概念是不够的，这种情况不是系统开发的一个程序。将选定问题的最佳概念（或混合概念）整合成一个概念情境并加以实施，概念情境的已选的多个概念应该能以最有效率的方式协同运行。

参 考 文 献

[1] 檀润华. TRIZ 及应用:技术创新过程与方法[M]. 北京：高等教育出版社，2010.

[2] 杨清亮.发明是这样诞生的: TRIZ 理论全接触[M]. 北京：机械工业出版社，2006.

[3] Ikovenko S，Simon Litvin，A Lyubomirskiy. Basic Training Course[M]. Boston: GEN3 Partners，2005.

[4] 檀润华，王庆禹，苑彩云，段国林. 发明问题解决理论:TRIZ——TRIZ 过程、工具及发展趋势[J]. 机械设计，2001(7)：7-12+53.

[5] 丁俊武，韩玉启，郑称德. 创新问题解决理论——TRIZ 研究综述[J]. 科学学与科学技术管理，2004(11)：53-60.

[6] 陈定方，现代设计理论与方法[M]. 武汉：华中科技大学出版社，2010.

[7] 牛占文，徐燕申，林岳，等. 发明创造的科学方法论——TRIZ[J]. 中国机械工程，1999(1)：92-97.

[8] 张士运，林岳. TRIZ 创新理论研究与应用[M]. 北京：华龄出版社，2010.

[9] 刘训涛，曹贺，陈国晶. TRIZ 理论及应用[M]. 北京：北京大学出版社，2011.

[10] 高常青. TRIZ——发明问题解决理论[M]. 北京：科学出版社，2011.

[11] Isak Bukhman. TRIZ 创新的科技[M]. 萧咏今，译. 台北：建速有限公司，2011.

10

10.1 六西格玛设计的背景

▷▷ 10.1.1 六西格玛设计的起源

六西格玛（Six Sigma）又称 6σ、6Sigma 等，σ 是希腊文的字母，在统计学中称为标准差，用来表示数据的分散程度。六西格玛的含义是一百万个机会里，只有 3.4 个缺陷。六西格玛（6σ）概念作为品质管理概念，最早是由摩托罗拉公司的麦克·哈里于 1987 年提出的，其目的是设计一个目标：在生产过程中降低产品及流程的缺陷次数，防止产品变异，提升品质。六西格玛通常的流程模式为 DMAIC 模式，DMAIC 是指定义（Define）、测量（Measure）、分析（Analyze）、改进（Improve）、控制（Control）五个阶段构成的过程改进方法，一般用于对现有流程的改进，包括制造过程、服务过程以及工作过程等[1-3]。

真正使得六西格玛流行并在世界范围内推广，是在通用电气公司的实践，杰克·韦尔奇（Jack Welch）于 20 世纪 90 年代发展起来的 6σ 管理成为一种提高企业业绩与竞争力的管理模式，六西格玛改进 DMAIC 模式已经在世界范围内得到了广泛的应用。

通过 DMAIC 流程对产品质量的改进是有限度的，六西格玛只是人们心中理想的状态，当改进使流程水平达到约四点八西格玛水平时，就再难以突破，这就是所谓的"五西格玛墙"，如图 10-1 所示。为了超越"五西格玛墙"，实现真正意

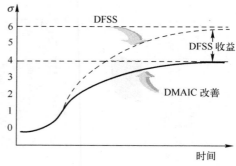

图 10-1　DFSS 与五西格玛墙

义上的六西格玛，必须从产品的源头开始，开展六西格玛设计（Design for Six Sigma，DFSS）[1-2]。

▷▷ 10.1.2　DFSS 的目标

六西格玛设计的目标是激发创新能力，与 DMAIC 模式在原有基础上改进相区别。如图 10-2 所示，DFSS 的目标是使被动式的设计质量改进向前瞻性的设计质量的方式转变。DFSS 一开始就把产品和流程设计得几乎无懈可击，抢先一步对流程本身进行计划和重新设计，把问题消灭在初始阶段，避免事后修修补补及大量的补救工作[3]。六西格玛设计是一种典型的以预防为主的解决方式：事先多投入一些，事后就可以节约更多的时间和精力。

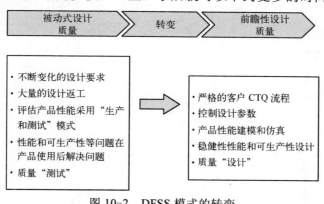

图 10-2　DFSS 模式的转变

10.2　六西格玛设计的内涵

▷▷ 10.2.1　六西格玛设计的概念

六西格玛设计就是按照合理的流程、运用科学的方法准确理解和把握客户需求，对新产品/新流程进行健壮设计、使产品/流程在低成本下实现六西格玛质量水平，同时使产品/流程本身具有抵抗各种干扰的能力，即使使用环境恶劣或操作不当，产品仍能满足客户的需求[3]。

六西格玛设计可以实现在提高产品质量和可靠性的同时降低成本和缩短研制周期。

六西格玛设计可以有效解决生产制造过程中的改进所不能解决的问题，突破六西格玛改进限制的"5s墙"，使产品质量达到六西格玛水平。

▷▷ 10.2.2 六西格玛设计与六西格玛的区别

六西格玛与六西格玛设计的区别，好比对发动机进行调整与换一台全新发动机之间的区别，或者相当于把旧裤子补补和买条新裤子之间的差别。六西格玛设计不是没完没了地对现有产品和流程进行缝缝补补，而是一开始就把产品或流程设计得几乎无懈可击[4-5]。如图 10-3 所示，DFSS 是预防为主的解决方式：事先多投入一些，事后就可以节约更多的时间和精力。强调一开始就把事情做好，如果设计或者流程一开始就存在问题，那么无论后面如何进行修改，最终达到的效果也是有限的。

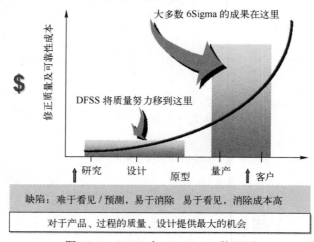

图 10-3　DFSS 与 Six Sigma 的区别

六西格玛能够亡羊补牢，而六西格玛设计能设计更结实、效果更好、价格更便宜的羊圈。简言之，利用六西格玛能在短期内对工作做出改进，而长期来看则需 DFSS 的革新方案来取代原有工作。Six Sigma 和 DFSS 的主要差异见表 10-1。

表 10-1　Six Sigma 和 DFSS 的主要差异

Six Sigma	Design For Six Sigma (DFSS)
Six Sigma 的目标是降低或减少已有流程的缺陷	DFSS 的目标是一开始就设计正确的产品，避免后端的不断修改
Six Sigma 被动式的质量改善，是原有流程的修修补补	DFSS 聚焦于设计和开发流程的前端，主要用于设计新产品或流程
Six Sigma 具有一个通用的流程模式 DMAIC	DFSS 目前版本较多，尚无统一的流程模式

10.3　DFSS 的模式

与六西格玛改进的 DMAIC 流程相似，六西格玛设计也有自己的流程，常用的模式有 DMADV 模式、IDDOV 模式、DMEDI 模式和 DMADOV 模式等。

1. DMADV 模式

该模式主要适用于流程的重新设计和对现有产品的突破性改进，其阶段为：定义（Define）、测量（Measurement）、分析（Analysis）、设计（Design）、验证（Verify）。

2. IDDOV 模式

美国质量协会（ASQ）的质量管理专家乔杜里（Subir Chowdhury）提出了六西格玛设计的一个称为 IDDOV 的流程，是目前适用于制造业的较广泛的 DFSS 模式流程。其阶段为：识别（Identify）、定义（Define）、制定（Develop）、优化设计（Optimize）及验证（Verify）。

3. 六西格玛设计常用工具和技术

六西格玛设计所用的工具技术主要包括质量功能展开（QFD）、系统设计、失效模式与影响分析（FMEA）、参数设计与容差设计（田口方法）、DFX 设计（Design for X）以及质量管理技术的新质量管理七种工具（亲和图法、关联图法、系统图、箭线图法、矩阵图法、矩阵数据分析法、过程决策程序图法）等，并在此基础上广泛吸收现代科学和工程技术，形成了一种以客户需求为导向，创造高质量、高可靠性、短周期、低成本产品的新的设计思想和方法体系——稳健性设计[5]。稳健性设计已经广泛应用于工程实践中并获得了巨大的经济效益。

10.4　DFSS 的阶段

▷▷ 10.4.1　DMADV 路线图

尽管 DFSS 具有不同的流程模式，但其核心内容大致相同。因此，我们以最常用的 DMADV 流程模式为例，介绍 DFSS 的流程，DMADV 的路线图如图 10-4 所示[6]，共分为五步，包含了阶段的核心目标、交付物及对应的工具方法。

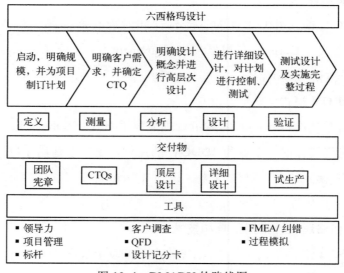

图 10-4　DMADV 的路线图

总体流程大致为 5 个步骤[6-9]：

● 定义（Define）阶段，定义项目的目标和客户（包括内部和外部）的交付物。

● 测量（Measure）阶段，明确客户需求及其对应的指标。

● 分析（Analyze）阶段，分析流程以满足客户的需求指标。

● 设计（Design）阶段，进行概念及详细设计，满足相应的设计指标，满足客户需求。

● 验证（Verify）阶段，验证产品性能及水平是否满足客户需求，制订相应的控制方案。

▷▷ 10.4.2 定义阶段

定义阶段的目标是：开发一个清晰的包括项目计划、风险管理计划和组织改变计划的项目定义。需要清晰地定义项目的目标，分配团队角色及明确职责分工，开发出项目日常计划。若该阶段无法清晰地定义上述内容，则常常会导致后续的返工及延误开发日程，并最终影响最终的目标达成。

定义阶段的主要活动包括：启动项目、确定项目范围、计划与管理项目，具体如图 10-5 所示。

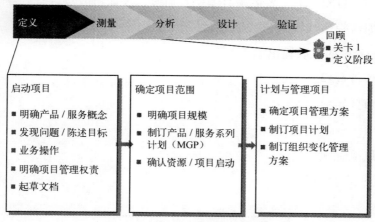

图 10-5　定义阶段的主要活动

定义阶段的常用工具如下：

➢ 项目章程。

➢ 项目范围。

➢ 产品多代计划。

➢ 甘特图。

➢ RACI 图。

➢ 财务预算计算，成本计划。

➢ 沟通计划，变更管理。

➢ 利益相关者分析表。

➢ 风险分析与评估。

在定义阶段，要回答的关键问题有：

➢ 项目的战略驱动如何？

➢ 尝试着手的问题或机会有哪些？

➢ 项目的范围如何？

➢ 项目期限和完成日期是多少？

➢ 团队所需要的资源有哪些？

➢ 与项目相关的主要风险有哪些？何时以及如何应对这些风险？

➢ 如何确保组织接受以及支持由设计产生的改变？

这一阶段的主要输出如下：

➢ 项目章程。

➢ 项目计划。

➢ 组织变革计划。

➢ 风险管理计划。

➢ 关卡的审查。

▶▶ 10.4.3 测量阶段

测量阶段的主要活动如图 10-6 所示。

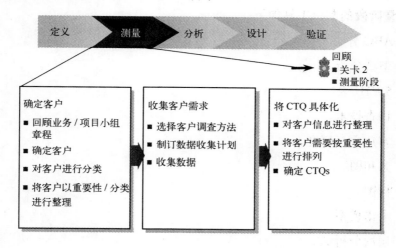

图 10-6 测量阶段的主要活动

测量阶段的目标如下：

将客户之声（VOC）转变为关键质量特性（CTQs）。

➢ 识别客户及客户需求。

➢ 将需求转换为产品质量特性。

➢ 确定输出的目标值及其变异范围。

测量阶段要回答的关键问题如下：

➢ 谁是过程、产品或服务的客户？

➢ 谁是最重要的客户？

➢ 所有客户具有相同的需求吗？如果不是，该怎样分割客户？

➢ 如何收集有关客户需求的数据？

➢ 怎样理解客户最重要的需求？

➢ 基于客户需求的临界设计要求是什么？

> ➢ 为满足客户设计的性能目标是什么？

> ➢ 不满足性能要求的关联风险是什么？

> ➢ 满足所有关键 CTQs 所确定的必要的方法是什么？

测量阶段的常用工具如下：

> ➢ ABC 分类。

> ➢ 型谱分析。

> ➢ 5W1H 表。

> ➢ 调查技术。

> ➢ 客户交互研究。

> ➢ 亲和图。

> ➢ 树图。

> ➢ 卡诺模型。

> ➢ 层次分析法。

> ➢ 质量屋。

> ➢ 标杆。

> ➢ 设计记分卡。

▷▷ 10.4.4　分析阶段

分析阶段的主要活动如图 10-7 所示。

分析阶段的主要目标如下：

> ➢ 识别及定义功能层级，进行产品概念级顶层设计。

> ➢ 开发及优化设计概念。

> ➢ 检验设计概念及其过程能力是否能满足客户的需求。

分析阶段要回答的关键问题如下：

> ➢ 为满足关键质量特性，需要设计哪些重要功能与流程？

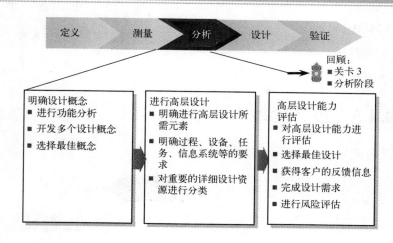

图 10-7 分析阶段的主要活动

➢ 每个流程的关键的输入及输出是什么？

➢ 为保持竞争优势，哪些功能与流程需要新的创新方案？

➢ 每个功能与流程可能的设计备选方案有哪些？

➢ 为评估这些设计备选方案，需要哪些准则？

➢ 为有效评估这些设计备选方案，需要为准则收集哪些信息？

➢ 选择的设计感念如何影响基准设计与扩展平台的特征？

分析阶段的常用工具如下：

➢ 功能分析。

➢ 传递函数。

➢ QFD。

➢ 设计记分卡。

➢ 创新性技术。

➢ TRIZ。

➢ 标杆。

➢ 普氏矩阵。

> FMEA。

> 失效故障检测。

> 产品原型。

▷▷ 10.4.5　设计阶段

设计阶段的主要活动如图 10-8 所示。

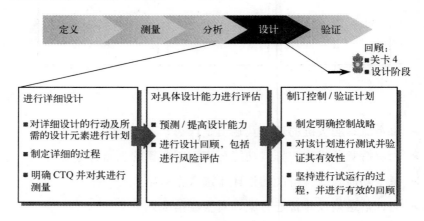

图 10-8　设计阶段的主要活动

设计阶段的主要目标：开发替代设计元素，并优化子功能。

设计阶段要回答的关键问题如下：

> 最终设计中要包含的关键设计元素有哪些？

> 如何考虑这些设计元素的优先级？

> 如何在子设计小组分配设计工作？

> 在设计流程中，如何保证子设计小组之间的有效交流？

> 在什么节点进行设计的冻结发布？

> 如何进行设计的测试，以在物理实施前确保其有效工作？

> 如何找出在设计中容易出故障的薄弱环节？

> 如何规划试验，以确保它是现实的，并产生有意义的结果？

设计阶段的常用工具如下：

➤ QFD。

➤ 仿真。

➤ 设计原型。

➤ 设计记分卡。

➤ FMEA。

➤ DOE。

➤ 规划工具。

➤ 流程管理图。

▷▷ 10.4.6 验证阶段

验证阶段的主要活动如图 10-9 所示。

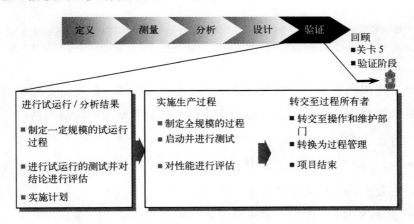

图 10-9 验证阶段的主要活动

验证阶段要回答的关键问题如下：

➤ 如何规划试验，以确保它是现实的，并产生有意义的结果？

➤ 如果实验性能不理想，应采取什么行动？

➢ 如何确保随着时间的变化维持成功的设计性能？

➢ 如何奖励设计团队并庆祝他们的成功？

➢ 如何保证组织机构接受并支持设计的改变？

验证阶段的常用工具如下：

➢ 规划工具。

➢ 数据分析工具。

➢ 控制图。

➢ 帕累托图。

➢ 标准化的工具。

➢ 流程图。

➢ 检查清单。

➢ 流程管理图。

10.5　三星 DFSS 案例

三星集团成立于 1938 年，是一个集电子、机械、化工、金融及贸易为一体的大型韩国企业集团。三星集团初期的业务主要为纺织品、造船、机械和化工等。

● 20 世纪 70 年代，三星电子只是为日本三洋公司做贴牌生产业务的加工厂，主要产品是利润单薄的廉价黑白电视机。

● 20 世纪 80 年代，三星大力投资于电子和半导体产业。

● 20 世纪 90 年代初，三星电子提出了"新经营"计划，大幅改进了产品质量。

● 20 世纪 90 年代末，在金融危机的影响下，三星痛下决定，大力投资于创新。到 21 世纪初，三星已成为世界最著名的企业集团之一。

2006 年，三星位列《商业周刊》全球创新企业第 12 位；2007 年位列

《财富》全球最受尊敬企业第 34 位；2008 年品牌价值高达 176.8 亿美元，位列全球第 21 位。

虽然大家对三星集团的成功有着许多不同的解读，但自 20 世纪 90 年代以来，三星集团在探索新的经营理念和促进创新的过程中，充分结合企业实际，逐步形成的以六西格玛和 TRIZ 方法为基础的系统的创新方法应用体系，无疑是三星取得飞速发展的重要因素之一。

▶▶ 10.5.1 三星推广应用六西格玛和 TRIZ 创新方法的主要历程

三星的成功，离不开创新方法的应用。三星成功推广应用六西格玛和 TRIZ 创新方法，对三星全面提升产品质量和客户满意度，迅速成为全球最具创新性的企业之一发挥了十分重要的作用，其经验也成为其他企业学习和研究的重要案例[10-15]。

1. 基于六西格玛的质量创新历程

为改善客户对"三星制造"是廉价商品的印象，1993 年，三星集团第二任董事长李健熙提出了著名的"新经营"计划，旨在系统地提高产品质量和客户满意度。李健熙强调，只有从过去的"以数量取胜"的经营模式转换成"以质量取胜"的经营模式，才能使三星成为"21 世纪超一流企业"。为了在 21 世纪的无限竞争时代生存，一定通过"以质量取胜"的经营提供具有最强竞争力的产品与服务。三星集团为实现新的经营理念，选择六西格玛（Six Sigma）作为整个集团的经营变革手段。自 1998 年三星正式实施六西格玛管理以来，几乎所有三星集团的内部组织，无一例外地全部采用六西格玛作为履行质量最优先的新经营宣言的战略举措。

在质量工作的有力推进下，三星也取得了良好的成绩。1998—2000 年，三星的缺陷率年均减少了 50%，税前利润也大幅增长，3 年分别为 0.517 亿美元、1.667 亿美元和 6 亿美元。2004 年，六西格玛项目带来了丰厚的经济回报，其中，黑带（BB）项目盈利 4600 万美元，绿带（GB）项目盈利 4500 万美元。六西格玛的实施也有效降低了三星的质量成本，1999年三星的质量成本为 3.8 亿美元，占总销售额的 11.3%，到 2003 年，三星的质量成本降为 3 亿美元，约为总销售额的 7.5%。

2．利用 TRIZ 加强技术创新的历程

三星引入 TRIZ 有两个背景：①三星从跟随者变为创新的领导者，仅靠六西格玛将难以为继；②三星开始意识到，TRIZ 能够弥补六西格玛流程的不足，可以有效地利用 TRIZ 克服冲突，帮助六西格玛寻求最佳平衡方案。

三星于 1998 年引入 TRIZ 方法，如今 TRIZ 已应用于三星产品和制造流程的各个领域。三星应用 TRIZ 经历了以下 3 个阶段：

（1）准备阶段（1998—2001 年）。在该阶段，三星建立了 TRIZ 推进部门，并制定了三星员工的 TRIZ 培训计划。

（2）传播阶段（2002—2004 年）。该阶段产生了一系列 TRIZ 项目实践成果，并为保障核心专利、降低成本和解决工程问题等做出了重大贡献，给三星公司带来了巨大的经济效益。

（3）加速阶段（2005 至今）。从 2005 年起，三星将新员工的培训纳入为期两周的 TRIZ 推介课程，大量的研发工程师，包括六西格玛黑带均有机会参加 TRIZ 培训课程。三星的研发工程师开始把 TRIZ 当作一个有用的发明思考工具。

TRIZ 在三星的推广应用解决了许多工程问题，并取得了巨大的经济效益。2001 年在半导体和印制部门产生了首批 2 个成功的 TRIZ 项目。2002年实施了 23 个基于 TRIZ 的研发项目，成本降低了 2400 万美元。2003年，实施了约 50 个项目，获得了 52 项专利，TRIZ 带来的经济效益达到了1.5 亿美元。2004 年，三星实施了 70 多个 TRIZ 项目，还通过研发项目产生了 100 多项专利，带来了约 6500 万美元的经济效益。2005 年，TRIZ 已被应用到 90 多个实践项目中，取得了良好的成效。至 2005 年，三星拥有

90 多位 TRIZ 专家，对上千名新员工进行了培训，使这些新员工对发明思考产生了兴趣。TRIZ 与六西格玛集成的合力正在产生良好的效果。

▷▷ 10.5.2　三星推广应用创新方法的主要经验

为了更加有效地促进创新，三星十分重视创新方法的推广和应用，并形成了自身独特的经验，大体包括以下几个方面：**①在高层的重视下系统地推动方法的应用；②结合企业特点系统地对创新方法进行整合；③利用系统的培训形成持续的创新力量；④建立了良好的创新网络和激励机制。**

1．高层重视推动创新方法的应用

三星在推广应用创新方法的过程中，高层领导的介入发挥了至关重要的作用。20 世纪 90 年代，三星大规模推广应用产品质量创新的各种方法和工具，正是在时任三星总裁李健熙提出 "新经营" 计划的背景下迅速展开的。

在技术创新方面，三星的高层领导在 TRIZ 的传播和应用中也发挥了重要的作用。如时任三星副总裁的尹钟龙在实施 TRIZ 的初期阶段，就热心地参与了所有细节和问题的讨论，积极为 TRIZ 活动的开展提供支持。因此，TRIZ 在三星电子公司（SEC）得到了广泛的认可。

2．基于 3T 的 DFSS 创新方法

三星成功推广应用创新方法的另一个重要经验是，结合企业自身的特点，有机地整合多种创新方法，最大限度地发挥创新方法在企业创新发展中的作用。如图 10-10 所示，三星以六西格玛法为基础，与其他方法进行有机整合，将 TRIZ 等方法和技术路线图、技术树、QFD、实验设计等整合成三星独特的基于 3T 的 DFSS。而且，正是由于将六西格玛法整合到企业管理、产品质量和技术创新的各个环节，才使得三星的各个内部组织都能够利用相同的 DFSS 方法，以相同的文件格式和术语进行交流与沟通，从而大大提高了三星的创新能力。

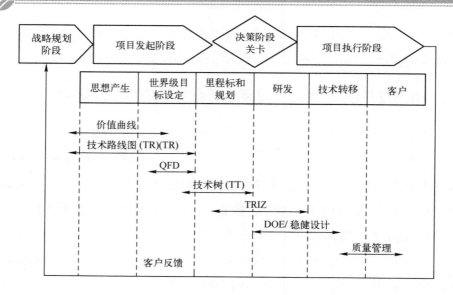

图 10-10　三星基于 3T 的 DFSS

　　基于 3T 的三星 DFSS，即利用技术路线图（Technology Roadmap，TR）来实现市场、产品、技术与项目的结合，利用技术树（Technology Tree，TT）分析技术脉络，识别核心技术，界定研发主题及部署关键功能系统，利用 TRIZ 方法来寻找创新方案[15]。

3. 系统的培训发挥了重要作用

　　三星在推广应用创新方法的过程中十分注意对员工的培训，正是这种系统的培训使三星具有了一种可持续的独特创新能力。经过多年的发展，如今在三星已形成了从新入职员工到各领域工程师的针对不同层次、不同阶段的完善的培训体系。其中，三星在引入和推广应用 TRIZ 的过程中所建立起来的系统的 TRIZ 培训体系最具代表性。

　　三星在引入 TRIZ 的初期，首先邀请了几位拥有丰富 TRIZ 应用和培训经验的外部专家，由他们开展实验研究，并对三星的内部员工进行培训。实施培训后，三星成立了 TRIZ 学习组织。内部员工负责 TRIZ 的基础和应用课程，专业的 TRIZ 培训师负责培训认证课程。内部创新导师负责对其他员工进行培训，并在外部 TRIZ 专家的帮助下实施 TRIZ 项目。

如今，三星拥有了组织良好的 TRIZ 培训计划，具体包括 3 种常规 TRIZ 培训：基础课程培训、应用课程培训和认证课程培训。每个课程的重点均为指导研发工程师成为精通 TRIZ 的用户。在认证课程中，TRIZ 学员要在 5 个月内利用 TRIZ 解决两个实践任务。本课程中，TRIZ 学员可以向 TRIZ 推进部门的 TRIZ 专家咨询，在项目期内必须获得实践应用成果和专利。

4. 提供了良好的组织保障与激励机制

在创新方法推广应用的过程中，良好的创新网络以及相应的激励机制十分关键。例如，在三星推广应用 TRIZ 方法的过程中，建立了系统的推广应用组织体系，并成立了专门的机构——三星 TRIZ 协会，为 TRIZ 在三星的成功应用起到了十分重要的作用。

（1）在业务部门建立 TRIZ 小组。 为了推广应用 TRIZ 方法，三星电子公司在其 6 个大部门——半导体、LCD、家电、通信网络、数字媒体和企业技术业务中均建立了至少由 3 人组成的 TRIZ 小组。这些业务部门能够得到来自 TRIZ 小组外其他 TRIZ 专家的支持。位于企业技术业务部的 TRIZ 总部拥有 8 位高级 TRIZ 专家，其中包括 4 位来自俄罗斯的经验丰富的 TRIZ 专家。他们积极帮助其他部门的 TRIZ 小组进行培训和咨询，并为现有项目解决问题。同时，利用计算机 TRIZ 内部网，每月组织 TRIZ 研究会和讨论会，进行 TRIZ 在公司管理层的推广，向公司不同级别的管理层提供 1~2 h 的短期 TRIZ 培训。

（2）成立三星 TRIZ 协会。 2003 年，三星 TRIZ 协会（STA）成立，它是国际 TRIZ 协会（MATRIZ）的地方组织。STA 由 TRIZ 推进部门成员和拥有国际 TRIZ 协会 2 级以上认证水平的内部员工组成。STA 由 TRIZ 推进部门成员组成的方法委员会管理。STA 主要负责 TRIZ 培训工作，并于

2005 年制定和更新了 TRIZ 培训计划。此外，STA 每月召开 TRIZ 研究会议。三星的 TRIZ 专家都要参与 TRIZ 项目和讨论 TRIZ 问题。STA 每年 10 月召开 TRIZ 大会，展示优秀的 TRIZ 项目。STA 还对获得优秀 TRIZ 应用成果和利用 TRIZ 生产高水平专利的工程师进行表彰。通过水平 2 考核的研发工程师还将获得认证。三星的总裁和许多高级官员均参与该大会，以表示对 STA 和 TRIZ 专家的鼓励。

（3）采取有效的激励机制。三星为 TRIZ 的推广应用提供了丰富的个人激励。在三星，一位经认证的 TRIZ 专家每月可以获得额外的奖金。这些认证专家还拥有其他非货币激励：职业发展和额外的假期等。在每年 10 月的 TRIZ 大会上，完成所有培训课程（120 h）的新创新导师会提出其 TRIZ 项目，并在特别展览会上展示他们的新机器和设备，由来自三星电子（Samsung Electronics Company，SEC）不同部门的 CEO 和 SEC 副总裁组成的评判员进行评判。他们会选出 3～4 个最佳项目，这些项目的领导会得到奖金。

参 考 文 献

[1] 马林，何祯. 六西格玛管理[M]. 2 版. 北京：中国人民大学，2007.

[2] 韩俊仙. 关于六西格玛设计[J]. 中国质量，2003(7): 483-487.

[3] Chowdhury S. Design for Six Sigma: the Revolutionary Process for Achieving Extraordinary Profits[M]. New York: FT Prentice Hall, 2002.

[4] Chowdhury S. the Power of Design for Six Sigma [M]. Chicago:Dearborn Trade, 2003.

[5] K Yang, B S EI-Haik. Design for Six Sigma: a Roadmap for Product Development[M]. New York: McGraw-Hill, 2008.

[6] De Feo, Joseph, Zion Bar-El. Creating Strategic Change More Efficiently with a New Design for Six Sigma Process[J]. Journal of Change Management, 2002, 3 (1): 60-80.

[7] Tennant G. Design for Six Sigma: Launching New Products and Services without

Failure[M]. Hampshire: Gower Publishing Limited, 2002.

[8] C Staudter, J P Mollenhauer, R Meran, O Roenpage. Design for Six Sigma Lean Toolset: Implementing Innovations Successfully[M]. Berlin Heidelberg: Springer Verlag, 2008.

[9] Ginn D,et al.the Design for Six Sigma Memory Jogger: Tools and Methods for Robust Processes and Products[M].Salem NH: GOAL/QPC,2004.

[10] SUNG HYUN PARK. Samsung's DFSS: a Journey to Quality and Business Excellence [EB/OL]. http://www.powershow.com/view/18917- NWYxM/Samsungs_DFSS_A_Jour ney_to_Quality_and_Business_Excellence_powerpoint_ppt_presentation, 2012-11-16.

[11] 徐峰. 三星集团应用创新方法的经验分析[J]. 科技进步与对策，2010,(4): 77-81.

[12] Kim J-H, Lee J-Y, Kang S-W. the Acceleration of TRIZ Propagation in Samsung Electronics[J]. Proceedings of the ETRIA World TRIZ Future Conference, 2005(11): 151-164.

[13] Valery Krasnoslobodtsev, Richard Langevin. Applied TRIZ in High–tech Industry. [EB/OL]. http：//www.triz–journal.com/archives/2006/08/01.pdf, 2008-11-25.

[14] Hong Mo Yang, et al. Supply Chain Management Six Sigma：a Management Innovation Methodology at the Samsung Group[J]. Supply Chain Management, 2007(2): 88-95.

[15] Sangmoon Pard, Youngjoon Gil. How Samsung Transformed Its Corporate R&D Center[J]. Research Technology Management, 2006(7-8): 24-29.

11

11.1 产业链的典型结构和分类

11.2 产业链演化的原因与过程

11.3 产业链的整合方式

11.1 产业链的典型结构和分类

随着科技技术和生产能力的发展，产业链也在逐渐演化。迈克尔·波特（Michael E.Porter）在《哈佛商业评论》撰文阐述行业的竞争基础从单一的产品的功能转向产品系统的性能，而单独的公司只是系统中的一个参与者。行业边界的扩展以及同行业的激烈竞争，使得单一产品制造商很难和多产品公司竞争，因为后者可以通过系统优化产品性能，因此，一个具有完成产品体系的产业链模式是产业链的发展趋势。

产业链的结构分类的方法有很多种，以智能互联产品系统为例，可以将其分为横向一体化、纵向一体化和成业生态化三种类型。传统产业链上下游之间的联系主要为产品的投入产出联系，上游企业的产品是下游企业的投入。

图 11-1[1]表示的是一个农机产品产业链变化过程，它主要可以分为以下三个阶段：

1. 横向一体化

图 11-1 中的第一个产品阶段，即是产业链的横向一体化阶段。横向一体化即水平一体化，即使各种资源在部门内部和企业间进行优化配置，以实现规模扩大、成本降低的目的。就农机产品而言，最早期的单一产品生产过程就是横向一体化的产业链。

在市场竞争牵引和信息技术创新驱动下，每一个企业都在追求生产过中的信息流、资金流、物流无缝链接与有机协同，过去这一目标主要集中在企业内部，但现在这远远不够了，企业要实现新的目标：从企业内部的信息集成向产业链信息集成转变，从企业内部协同研发体系向企业间的研发网络转变，从企业内部的供应链管理向企业间的协同供应链管理转变，从企业内部的价值链重构向企业间的价值链重构转变。横向集成是企业之间通过价值链以及信息网络所实现的一种资源整合，为实现各企业间的无缝合作，提供实时产品与服务，推动企业间研产供销、经营管理与生产控制、业务与财务全流程的无缝衔接和综合集成，实现产品开发、生产制造、经营管理等在不同企业间的信息共享和业务协同。

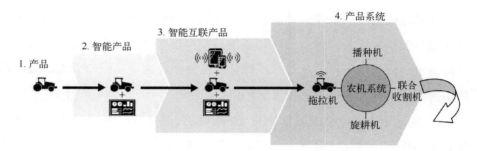

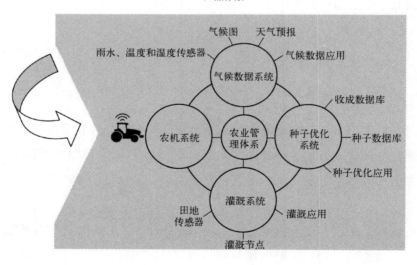

图 11-1 农机产品的产业链

2. 纵向一体化

图 11-1 中的 2、3、4 阶段，主要表示的是农机产品链的纵向一体化阶段。产业链纵向一体化是指对农机产品价值链纵向上的技术、资本、劳动等

战略资源以及能力进行优化配置，培育核心竞争力，保持竞争优势。通过对产业链中主导企业的业务延伸以及对产业链关键环节的控制，对 5 大维度进行综合调整，通过对战略资源和能力的高效配置，实现纵向一体化[2]。

将智能农业设备连接到一起，包括拖拉机、旋耕机和播种机，这些设备的整体性能都将会提高。纵向一体化要求改善上下游产品之间的关系，将各种产品之间有效互联，才能让农业机械更加高效性能。如图 11-2 所示的是农机系统的纵向延伸，实现多个企业的上下游产业链的打通，形成多个产品系列，满足市场需求。

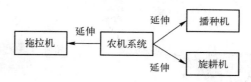

图 11-2　农机系统的纵向延伸

3. 产业生态化

随着行业的竞争从单一的产品功能转向产品系统的性能，单独的公司也只是其中的一个参与者。在农机设备业，行业边界从拖拉机制造扩展到农业设备优化；在采矿机械业，效益已经从优化单独设备的性能转向矿区整体设备的性能优化，行业边界也从单独的采矿设备扩展到整个采矿设备系统。

行业边界扩展是指从产品系统进化到包含子系统的产品体系——不同的产品系统和外部信息组合到一起，相互协调从而整体优化。在互联网如此发达的时代，跨界一词已经十分常见，从小米到乐视，再到华为，无处不凸显出生态化的产业链对于现在的企业、产品的重要性。

苹果公司无疑是目前市场上成功打造生态系统的典范。"苹果"的魅力维系在一个关键词"用户体验"上，而支撑独一无二的用户体验魅力的背后，是乔布斯的苦心设计，从细节到架构，构筑起一套生态系统。正如"苹果"的前任 CEO 乔布斯所说的："为什么'苹果'会提供用户更好的体验，因为'苹果'是拥有全部产品体系的公司，硬件、软件和操作系统'苹果'都有，'苹果'有能力对用户的体验全责承担，有能力做许多其他公司做不到的事情。""苹果"通过对全产品开发流程的控制，实现对交互设计、操作系统和软件开发环境的控制，提供了空前的移动互联网用户体验，提升了消费者对移动浏览体验的期望值。由于"苹果"的控制力，可以避免其他手机厂商必须与服务提供商或第三方开发者合作才能完成任务[3]。如图 11-3 所示的是"苹果"打造的产业生态链。

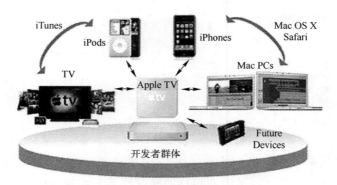

图 11-3 "苹果"打造的产业生态链

上述事例显示了传统产业产品链的特点，即重视有形产品的联系，产业链整合、风险控制等都是通过一体化或者联盟等直接影响产业链内部各环节的产品供求来完成的。

11.2 产业链演化的原因与过程

▷▷ 11.2.1 产业链演化的影响因素

影响产业链演化的因素主要有技术变化、需求变化、产品生命周期、创新影响、相邻产业结构的变化、企业战略、知识的扩散和国家政策等。首先，技术的变化将会影响产业链演化，新的技术将会改变企业的规模经济水平或者影响企业的成本结构，最终改变企业之间的竞争格局。按照熊彼特的观点，创新是引入一种新的生产函数，从而提高社会潜在的产出能力。创新不但创造了新的产业和新的服务，形成产品的差异化，而且可以在既定的资源条件下，提高原有产品和服务的产出数量，形成成本领先优势的源泉[4]。

产业链结构的演变和经济发展之间存在着密不可分的联系，合理的产业链结构有助于经济健康、持续发展。在经济发展过程中，产业链结构的演变必然受到各种因素的制约和影响，如利用外资的水平、创新水平等。因此，研究影响产业链结构演变的因素以及这些因素在影响产业链结构演变过程中的不同作用，对于制定合理的产业政策，形成与经济发展水平相适应的产业结构都具有指导意义。

人口的变化、人们消费偏好的改变、客户群的渗透都会直接影响市场的规模。产品创新、营销创新、产品生命周期的变化、替代品的开发、相邻产业结构的变化都会改变产品的相对竞争地位[5]，改变原来的竞争力量均衡格局。政府的产业政策往往对企业的进入退出、竞争行为甚至定价等进行限制，所以国家政策的改变往往对产业演化有着直接的影响。例如，国家对于原国有垄断行业放松进入管制等。

知识的扩散也会影响产业链结构。例如产品生产知识等特殊性知识，在没有专利保护的情况下，其他企业可能会很快模仿，这样，原有企业的专有优势将逐步消失。另外，随着知识的扩散，其他企业可能会通过整合性知识将其他知识进行整合，生产出比原在位企业性能更好的产品。完全阻止知识的扩散是不可能的，波特认为企业只有做到下列事情，才能保持战略地位：①必须保护专有技术和专业人才，但在实际中很难做到这一点；②必须进行技术开发以维持领先地位；③须在其他方面树立战略地位。

▷▷ 11.2.2 产业的进入和退出

处于不同的产业链结构中，企业的竞争行为不同。如果竞争处于均衡状态，即同类企业的进入与退出数目是一致的，那么该产业结构处于暂时的稳定状态——这个时候产业链上下游的企业也没有采取整合战略的动机。那么哪些因素会使这种均衡发生变化呢？导致均衡打破的可以是产业链外部新进入的企业，也可以是产业链内的企业退出，或者是对产业链上游、下游企业的整合。如果产业链内外的企业都没有进入退出的动机，则产业链的结构暂时是稳定的。

在完全竞争市场上，短期内可能会有许多生产同种商品但成本状况不同的厂商。由于它们都是价格接受者，所以只能按相同价格销售产品，市场竞争的结果将会迫使低效率的厂商退出，而高效率的厂商进入，直到生存下来的厂商都是最高效率为止。此时所有厂商只能获得平均利润，企业进入退出停止，市场处于长期均衡状态。

在行业长期均衡状态下，效率最高厂商的产量必然处于其长期平均成本曲线的最低点，所以每个厂商选用的规模水平必须是在当时技术条件下效率最高的规模，并且在平均成本的最低点提供产量。

完全竞争的理论状态在现实中是不存在的，但它揭示了成本、产量、价格、利润之间的关系，是企业进入退出决策的重要依据。企业只有具有竞争优势，能够在最优规模条件下，在平均成本的最低点提供产量，才有可能选择进入（如果是在位企业则不会退出），反之则会选择退出。

从上面的分析可以看出，如果生产技术（影响企业的规模经济水平）、市场需求、企业竞争优势等发生了改变，均衡就会打破，产业链就会发生整合分化。

▷▷ 11.2.3　产业链的演化过程

产业链的演化过程主要是一个知识创新、知识扩散、分工深化与整合的过程。

知识创新提高了产业的技术性移动壁垒，知识的扩散则迅速侵蚀初始移动壁垒，任何建立在专有知识或专门技术基础之上的移动壁垒都会随时间消失。在产业链技术创新的高峰期，企业保留技术诀窍，产业链会随着企业创新活动的展开不断深化分工，使得企业获得专业化的规模报酬。随着产业链创新活动的减缓和知识扩散，移动壁垒逐步消散，在这个过程中，新的竞争者会加入，原有产业链的供方和卖方会通过纵向整合进入这一领域。新的进入者可能会带来新的知识创新周期或者提高本产业的规模经济壁垒。产业链的演化过程如图 11-4 所示。

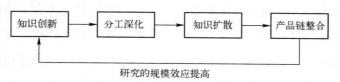

图 11-4　产业链的演化过程

随着不同产业的跨界整合，行业边界不断扩展，形成企业独特的生态系统，重新定义行业边界。其次，在边界快速扩张的行业，行业整合的压力会更大。单一产品制造商很难与多产品公司抗衡，因为后者可以通过系统优化产品性能。最后，一些强大的新进入者会涌现，它们不受传统产品定义和竞争方式的限制，也没有高利润的传统产品需要保护，因此它们能发挥智能互联产品的全部潜力，创造更多价值。一些新进入者甚至将采用"无产品"战略，打造连接产品的系统将成为它们的核心优势，而非产品本身。

11.3　产业链的整合方式

▷▷ 11.3.1　产业链的水平整合

产业链的水平整合有两种方式，一种是进行水平合并，另一种是建立横向联盟，典型的就是价格联盟。

产业链水平合并的目的是通过提高市场集中度，提高市场势力，从而增加对市场价格的控制力，增加垄断利润。同样，市场集中度的提高也有助于在位厂商自行构建进入壁垒，组织潜在的进入者进入。横向联盟已在保持各企业独立自主的前提下，通过联合充分利用市场势力，达到上述目的，但是由于存在信息不对称和"囚徒困境"，这种联盟很难稳定。

在规模经济显著的产业，随着产业逐渐成熟，市场集中度会逐渐增加，产业链的横向合并加剧，典型的如汽车业。

在衰退产业，如果市场规模缩小，分工细化的程度将会下降，部分细分的产业链可能会整合，交易成本减少，以适应新的市场规模，在这一阶段，同时也伴随着企业的退出，如果企业的沉没成本很高，企业难以退出，这个行业有可能会成为一个没有胜利者的坏行业。也有企业为了获得同行业竞争对手在某一方面的专有知识或技术专利进行并购，这里产业链整合成为知识转移或者防止知识转移的手段。

在传统产业的演化过程中，产业链的水平整合如果不能通过规模经济降低成本，而是单纯地增加市场力量，通过控制价格提高利润，那么合并很可能减少了消费者福利和社会福利。所以，传统产业的企业促进产业链水平整合的直接目的是获取市场势力，这种行为是否有利于提高社会福利水平，则需要比较其合并前后的效率增加和消费者福利下降的程度。正因如此，产业链的水平整合，包括价格联盟等，是政府行业管制的重点。

▷▷ 11.3.2　产业链的纵向整合

产业链的纵向整合可以分为垂直合并和纵向约束两种类型。垂直合并是指企业将产业链上游或下游的企业合并组建成为新的企业，如果向产业链下游合并则称为前向合并，反之称为后向合并。产业链上的企业也可以通过对上下游企业施加垂直约束，使之接收一体化的合约，通过产量或价格控制实现纵向的产业链垄断利润最大。

假设一个未一体化的产业链如图 11-5a 所示，两个分销商和制造商之间的关系是完全独立的，通过竞争确定价格。如果制造商和分销商之间建立紧密的垂直关系，如图 11-5b 所示，可以使双方行使市场力量，获得垄断利润。如果一个企业拥有市场势力，那么它有可能通过价格歧视达到利润最大化，如以不同的价格对不同弹性的企业出售产品，也可能通过与最终产品市场上具有高弹性的企业实现前向一体化，而以较高的价格向低弹性的企业供货。

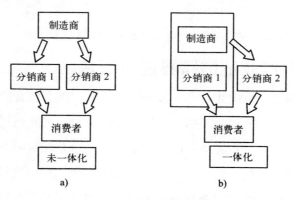

图 11-5　产业链垂直整合模式

a) 未一体化的产业链　b) 一体化的产业链

　　纵向一体化除可以带来市场实力以外，也可以给一体化企业带来水平方向的竞争优势。一个控制或影响了上游必需投入品价格的纵向一体化企业可以通过提高这种投入品的价格而将其在下游产业的非一体化竞争对手置于竞争劣势境地。另外，研究表明，产业的纵向一体化程度随着卖方产业和买方产业的市场集中度的上升而提高。这说明产业链上的企业为了提高自己的议价能力，从而进行一体化。

　　纵向一体化的另外一个重要原因是节约交易成本。当需要进行专用性资产投资时，资产专用性越强，投资的沉没成本就越高。这样，为了避免沉没资本投资的潜在损失，供应商和重复购买者存在合并的动机。进一步研究发现，对特殊人力资本的投资也可能导致垂直合并。因为对特殊人力资本的投资也具有专用性，垂直一体化可以限制双方的机会主义行为。

从上面分析的产业链垂直整合的动机看，获得谈判优势或者避免谈判劣势是传统产业链垂直整合的主要动机，企业和企业之间是为了获得议价优势，专用资产投资者和购买者之间是为了避免机会主义行为带来的交易成本，实际上也是为了避免谈判劣势。垂直整合并没有影响到产业价值链，价值增值方式依然是线性的，不同的只是由原来的市场分工转化为企业内部分工。因特殊人力资本投资导致的垂直合并，实际上是知识转移内部化的手段。

▶▶ 11.3.3　产业链的跨界混合整合

波特在他的《竞争优势》一书中强调了在实行混合整合的多角化战略过程中，辨识业务单元之间关联的重要性。波特认为，关联包括有形关联和无形关联。通过检查每个业务单元的价值链，看是否存在实际的或潜在的共享机会。关联又包括市场关联、生产关联和技术关联。有形关联如看得见的基础资源的共享、营销渠道的共享等。无形关联如企业是否有技术诀窍可以用到其他业务单元中，或者可以共享剩余等无形资产。波特认为，来自有形关联的竞争优势是共享成本和匹配关联困难性的函数。

仅仅限于在本行业发展是传统的横向一体化产业链模式，在互联网如此发达的今天，企业要以互联网思维去扩展产业链结构，需要做到以下几点：

首先就需要有用户思维，这是最重要的一点。用户思维即在价值链的各个环节中都要"以用户为中心"去思考问题，只有拥有足够数量的用户，才能发展更多的客户。用户体验和客户体验虽然只有一字之差，但是所代表的意义有很大的区别。所谓用户体验，不管是不是收费，都要让用户感受到产品价值的存在；客户体验的范围更狭隘一些，需要客户付钱之后才能享受到产品价值，这样使得用户群的数量下降很多。

最为典型的就是奇虎 360 的产业链结构，如图 11-6 所示。360 公司所提供的杀毒软件是免费的，因此可以吸引来大批注册用户，此举的主要目的是延长价值链，在其他企业产品收费的地方免费，反而在其产业链的中间纵向扩展，提供了很多有附加值的产品，包括 360 浏览器、360 导航等产品，扩展价值链的宽度，对传统的杀毒软件价值链完成了重构。

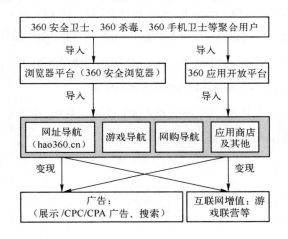

图 11-6　奇虎 360 的产业链结构

　　其次，要有平台思维，即开方、共享、共赢的思维。平台模式的精髓，在于打造一个多主体互利共赢的生态圈。将来的平台之争，一定是生态圈之间的竞争。

　　最后，要有跨界思维。所有的企业跨界之后，所竞争的都是用户，一方面拥有用户的数据，另一方面又具备用户的思维，开启大胆的颠覆式创新。未来十年是商业领域的大规模"打劫"时代，一旦用户的生活方式发生根本性的改变，来不及变革的企业必定遭遇失败。

　　综合来看，传统产业链的整合，不管是水平整合、垂直整合还是跨界混合整合，其目的主要有两个：①充分共享资源、发挥规模经济和范围经济的优势，②谋求市场势力，尽最大可能获取垄断利润。

参 考 文 献

[1] Porter M E, Heppelmann J E. How Smart, Connected Products are Transforming Competition [J]. Harvard Business Review, 2014, 92(11): 11-64.

[2] 裘海花. 以产业生态链建设拉动招商引资[J]. 商场现代化，2008(17):252-253.

[3] 刘明宇. 基于知识共享的产业链整合理论研究[D]. 上海：复旦大学，2006.

[4] http://blog.sina.com.cn/s/blog_54099f5a01018ert.html.

[5] 芮明杰，刘明宇，任江波. 论产业链整合[M]. 上海：复旦大学出版社，2006.

[6] http://server.zol.com.cn/484/4849642.html.

12

企业创新案例分析

12.1 苹果公司商业模式创新

▷▷ 12.1.1 苹果公司的发展历程

2007 年 1 月 9 日，"苹果计算机公司"改名为"苹果公司"，标志着苹果计算机正由一家计算机制造商转变成消费类电子产品供应商。史蒂夫·乔布斯（Steve Jobs）等于 1976 创立了苹果计算机公司，它的发展史按 Steve Jobs 与苹果分分合合分可为四个阶段[1]。

1．苹果的创业上升期：1976—1985 年

苹果公司成立当年即着手开发并销售第一代计算机"Apple I"，第一笔生意就卖了 50 台，受到"Apple I"的鼓舞，更先进的"Apple II"也开始进行研发工作。1977 年 1 月，苹果计算机公司正式注册成为苹果计算机有限公司，1977 年 4 月，在旧金山举行的美国西海岸计算机交易会上"Apple II"赢得一场大胜。当年实现销售收入 250 万美元，此型号连续五年畅销不衰。1980 年 12 月 12 日，苹果公司在纽约上市，融资 1.01 亿美元，创造了美国当时 IPO 的最高纪录。1983 年，苹果公司实现销售收入 9.8 亿美元，继 1982 年第二次进入《财富》美国企业 500 强，名列第 291 名。1984 年，苹果 Mac 计算机发布，Mac 中装有全新的革命性的操作系统（Mac 图形用户界面），这对计算机工业具有里程碑式的意义。

在这一阶段，苹果公司通过"Apple II"在 20 世纪 70 年代引发了个人计算机革命，以 Mac 计算机彻底改造了个人计算机，苹果公司享受着个人计算机业高速增长带来的盛宴，成为历史上发展最快的公司之一。

2．苹果的发展滞涨期：1986—1996 年

1990 年，苹果公司推出了手提计算机 POWER BOOK，进入个人电子消费领域。在 1986—1996 年的 10 年中，苹果公司的产品进入多个领域。然而，这种市场扩张战略非但没有带来预期收益，反而新产品在研制过程中无法取得重要突破，因此苹果公司一度陷入危机。另外，在操作系统方面，兼容问题、价格不菲，加上苹果过于故步自封，苹果最终被后起之秀微软超越。在这黑暗的十年中，苹果共更换过 3 任 CEO，年销售额却从 110 亿美元缩减至 70 亿美元，可以说整个公司混沌不堪。

3. 苹果的乔布斯时代：1997—2011 年

1997 年，苹果的创始人史蒂夫·乔布斯重新入主苹果计算机公司，而这一次乔布斯的二进宫成为苹果发展史上的重大转折点。1998 年 8 月 15 日，一体计算机 iMac 上市，它凭借特有的外观设计和产品定位，成功打破了当时个人计算机销售速度记录。2001 年 5 月 19 日，苹果公司的第一批零售店开张，生动诠释了何为体验营销，在 IT 界苹果是首家设立产品专卖店的企业。2001 年 11 月 10 日，万众瞩目的 iPod 发布，配合苹果独有的 iTunes，一举击败当时索尼公司的 Walkman 系列音乐播放器，宣告商业数字市场苹果称霸的时代来临。2007 年 1 月 9 日，苹果公司向世人展示了智能手机 iPhone。2010 年 1 月 27 日，在美国旧金山欧巴布也那艺术中心举行的苹果公司发布会上，传闻已久的平板电脑 iPad 揭开面纱。从 iMac、iPod 到 iPhone 再到 iPad，苹果公司最具划时代意义的四件产品都堪称业内的设计精品，给苹果公司带来了巨大的回报，苹果公司也因此摆脱亏损，开始盈利并进入快速发展阶段。

从华尔街对苹果的反应来看，在英国《金融时报》2008 年 7 月 31 日全球 IT 企业市值榜上，苹果市值达到 1408.08 亿美元，仅次于谷歌（1486.63）亿美元和微软（2353.65 亿美元）；到了 2009 年 7 月 22 日，苹果市值为 1458.7 亿美元，高于谷歌（1434 亿美元），仅次于微软（2061 亿美元）；2010 年 5 月，苹果市值超越微软成为全球 IT 企业市值最高企业；仅仅一年以后，苹果又超过了埃克森美孚公司，成为全球市值最高的企业。这些都说明了乔布斯时代苹果公司在 IT 界的成功和影响力。

如果用一个词来概括苹果的灵魂，最贴切的应该就是创新了。乔布斯时代的苹果，一直是创新公司的标杆。可以说，正是因为不断的创新，才有了今日的苹果。

4．苹果的后乔布斯时代：2011 至今

2011 年 10 月 5 日，乔布斯因病逝世，享年 56 岁。乔布斯是改变世界的天才，他凭着敏锐的触觉和过人的智慧，勇于变革，不断创新，引领全球资讯科技和电子产品的潮流，把计算机和电子产品变得简约化、平民化，让曾经昂贵稀罕的电子产品变为现代人生活的一部分[2]。

失去乔布斯之后的苹果是否会失去它的想象力？苹果用不断上涨的市值回答了这个问题，表明苹果依然是最赚钱的 IT 企业。2012 年 1 月 25 日，苹果市值突破 4000 亿美元；2012 年 2 月底，苹果市值在派息预期的刺激下大涨，一举突破 5000 亿美元关口；得益于新 iPad 的发布和人们对 iPhone 5 的期待，2012 年 8 月 17 日，苹果市值首次突破 6000 亿美元；2012 年 8 月 21 日，苹果股价攀高至 662 美元，公司市值达到了 6227 亿美元，超越微软成为美国历史上市值最大的公司。

然而，最新推出的 iPhone5、iPad4 隐约让"果粉"（苹果产品的热衷者）审美疲劳，自 2012 年 9 月份创下 705.07 美元的历史最高价以来，苹果股价累计跌幅超过 25%，市值大幅缩水。苹果不再是投资者眼中的"金苹果"，微软、三星、谷歌和亚马逊等科技巨头，正在挑战苹果在智能手机和平板电脑市场上占据的主导地位[3]。

苹果能否在消费电子领域继续保持绝对优势，我们只能拭目以待。但是可以确定的是**继续保持创新**才是苹果的唯一出路，诺基亚的衰落就是前车之鉴。

▷▷ 12.1.2　苹果公司的创新分析

苹果公司的成功，不单在于其产品精致时髦的设计，而更应该归功于销售的新途径以及创新的商业模式，它们实现了产品与内容的完美结合，为消

费者创造了前所未有的时尚体验。

一、iPod 商业模式

乔布斯设想为 MP3 iPod 提供一个合法下载音乐和影片的音乐商店。但音乐商店必须经过一个分销平台将音乐交给消费者，分销平台由苹果公司来管理。

苹果公司推出的分销平台 iTunes 是一款数字媒体播放程序，起着管理、播放数字音乐和视频的作用，利用 iTunes 可以在网络音乐商店购买音乐、音乐视讯和短片等。iTunes 可以管理用户个人计算机上的音乐，建立自己喜爱的音乐库，并可以将音乐转移到用户的 iPod 上。这种商业模式设计如图 12-1 所示。

iPod 平台　　　　　　　iTunes　　　　　　store 音乐商店
硬件平台　　　　　　　分销平台　　　　　　创新商业模式

图 12-1　iPod 创新商业模式

按照"iTunes＋音乐商店＋iPod"的三位一体思路，消费者购买了 MP3 iPod 后，即可以通过互联网在苹果官方网站下载 iTunes 程序到个人计算机里，利用 iTunes 可以在网络音乐商店购买音乐，并可以将音乐转移到用户的 MP3 iPod 上。

二、iPhone 商业模式

为了满足用户对程序软件以及把手机变成掌上电脑的迫切要求，乔布斯设想为 iPhone 建立应用程序商店 App Store，把优秀的应用程序置于商店中出售给用户[4]。

首先，苹果在 2011 年 WWDC 大会上发布了软件+服务产品——Mobile me，它为所有 iPhone 用户提供了众多日常生活中必备的服务，如联系人备份、日历数据、Email 备份等。之后，iCloud 推出并取代 Mobile me 成为苹果所有设备依赖的网络存储平台。用户甚至能够将文档、应用程序、音乐、图书甚至设置习惯都同步至云端。如图 12-2 所示， iPhone 为客户打造了一个集云存储、备份服务、应用程序购买及发布于一体的只属于苹果产品的生态网络。

图 12-2　iPhone 创新商业模式

1. 企业和渠道提供的价值

2008 年 7 月 11 日，苹果公司推出的一个可供 iPhone 手机用户在互联网上下载应用程序的商店，就是 App Store 应用程序商店。App Store 是一种简单、有效、界面友好的设计。App Store 的产品目录有强力搜索功能，用户能够很快找到应用程序，一旦选择了一个应用程序，这个应用程序就会立刻被直接发送到 iPhone[5]。App Store 中有很多产品就是苹果产品的用户开发的，可以说，"苹果搭台，消费者唱戏"的做法不仅使用户和苹果取得双赢，更增强了苹果的"客户黏度"。

至 2012 年，苹果 App Store 提供的应用软件数量已达上百万种，付费软件中超过 90%的应用软件价格低于 10 美元，其中，大量的应用软件不收取任何费用。iPhone 的出现给用户带来了全新用户体验的手机，加上 Mobile me（后升级为 iCloud）云服务平台和 App Store，苹果公司所有电子产品都具有相同的特性和软件，这些产品可以共用 iPod 所开发的音乐商店模式。有了这项功能，用户就能用手机或用个人计算机购买和下载应用软件，并且能获得更多信息。

2. 用户开发者提供的价值

应用程序编写人员把他们的想法或者市场需求转变成软件，编写好后经过苹果公司审评，最后上传至 App Store 上销售，而在用户每次付费下载之后，苹果公司和软件开发人员将按 3∶7 的比例获得各自的收入。而这 30％的收入维持 App Store 的日常运作后还有很大盈余。来自全世界的程序开发人员只要加入苹果公司 iPhone 的"开发者计划"，并缴纳 99 美元年费，就可以在 App Store 里销售自己的软件成果。

3. 客户的价值实现

通过"iPhone+应用程序商店+分销平台"提供的价值分析，"产品+服务+内容"的结合，使得 iPhone 用户得到了很大的价值，在 App Store 得到的应用软件，把 iPhone 的各种功能完美地发挥出来，做到其他品牌手机所没有的体验效果，口碑和规模效应会把更多的消费者吸引进苹果的市场。相对于普通的手机，作为智能手机的 iPhone 更强调个性化的娱乐应用，随着技术的不断进步和成本的降低，苹果还会加入更多与人们生活、工作息息相关的服务内容。比如在应用程序方面，只要装了 GPS 软件，iPhone 就能成为导航手机，从而取代了 GPS 导航仪；只要装了遥控软件，iPhone 就能成为遥控器，遥控航模；由此可见，App Store 的程序种类非常多，功能非常齐全，有了应用程序的支持，iPhone 可以成为乐器、鼠标、阅览器、录音机等。优秀的应用软件能够为优秀的硬件增加很大的附加值。

三、iPad 商业模式

苹果公司的革命性产品平板电脑 iPad，涵盖了 iPod 和 iPhone（除电话业务）产品的所有功能，进而融合电子阅读等传媒业的"平台+分销+内容"的三位一体营销途径，在整体上进一步加强苹果公司在业界的产品核心竞争力。实践证明，iPad 掀起了一轮电子产品的产业革命。苹果公司的商业模式打造的是软硬件相结合的产品服务模式，培养用户习惯，筑造市场壁垒。这是苹果维持其硬件与软件产品竞争能力的一种手段与办法。iPad 创新商业模式设计如图 12-3 所示。

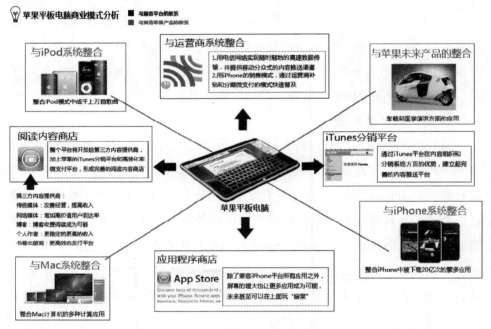

图 12-3　iPad 创新商业模式

借助"产品＋分销平台＋内容"的三位一体的思路，苹果推出的从来都不仅是一个硬件产品，而是整合了软件服务和新商业模式的整体。在 iPod 时代，诞生了 iTunes 和音乐商店，iPhone 和 iPad 时代诞生了 iCloud 和应用程序商店，这都是模式思路在产品中的体现。纵观电子产品的发展史，消费电子产品离不开内容和服务，因为消费电子产品只是一个播放内容或者进行服务的硬件载体。而技术的进步让现代消费电子产业的内容与技术融合更加紧密：电视一定要有节目观看，手机一定要有好的语音和数据服务，计算机就更离不开网络内容和软件开发。因此，高科技的电子消费终端的出现，也一定要与丰富多彩的内容相结合，要与支持它的多种功能相结合。

总的来说，消费电子企业之间竞争的实质上就是向用户提供综合价值服务的能力，即消费电子企业通过为消费者提供从硬件、软件到内容一体化的服务，创造出与其他企业差异化的消费体验，从而赢得市场。产业联盟的规模优势和苹果产品的出色性能，构成了苹果公司的核心竞争力。因此可以发现，贯穿整个商业供应链的管理模式创新，往往比产品技术的创新使企业更具有核心竞争力。

从技术上看，MP3 不是苹果首创，网络音乐下载技术也并非苹果公司第一个实现。iPod 的成功本身就是在线音乐产业上下游合作的结果，将上下游价值链整合起来，用合作营销的法则将 iPod 播放器、iTunes 和音乐商店联合在一起的商业模式造就了消费电子产品厂商、艺术家、唱片公司、音乐商店和零售商之间的完整产业链，为客户创造了播放、下载音乐和视频等客户价值链系统。在智能手机方面，手机多点触摸屏技术不是苹果公司发明的，软件商店和苹果产品的硬件配置都不是苹果的创新。但苹果公司把这些技术拿来集成，继而把"产品+内容"的商业模式扩展到了手机模式上。就连平板电脑也是最先由微软提出来的，但是苹果通过 iPad 创新的商业模式重新定义了平板电脑的概念和设计思想，取得了巨大的成功，从而使平板电脑真正成为一种带动巨大市场需求的产品。对于苹果产品的用户来说，他们使用的大部分和产品相关的软件都是由苹果公司提供的，这种从硬件到软件对用户使用过程的全盘控制大大增强了用户的忠诚，也创造出了更多的用户。这都表明了软件开发对于消费电子企业的重要性。通过分析苹果公司的商业模式创新的途径，中国企业可以学习苹果公司的创新思维，将其消化吸收，为我所用，走创新发展的道路，一样能得到持续稳定的发展[4]。

从苹果公司的成功可以发现：基于商业模式的价值创新是企业实施创新战略的一个核心路径。在如今这个消费者主导的时代，消费者决定了企业的发展战略。企业赢得消费者的根本在于为消费者创造真正的价值，而消费者价值创造的关键在于为消费者提供超越产品和服务本身的消费体验。商业模式创新的意义已经超过单纯的产品或技术创新，成为企业持续发展与赢得市场的关键。

通过分析苹果公司创造性的商业模式中包含的思想与途径，得到启示后可以指导自身企业的创新发展战略。但实践中不能照搬苹果公司成功的商业模式。不同的企业其能力和发展环境不同，商业模式并不是一成不变的，任何商业模式都只能在一定条件下的市场环境中获得成功，即使企业的商业模式以前取得了很大的成功，但是随着市场环境的变化，原来商业模式能为企业创造的价值也会逐渐降低。因此，苹果公司也不能固守现有的商业模式，必须有所预料地提前评估市场，及时调整并再度创新，才能保持其核心竞争力。

12.2 IBM 的创新转型

从一家生产办公设备的企业，到全球最大的计算机厂商，再到现在的服务供应商，IBM 的转型验证了服务的兴起。

12.2.1 IBM 的转型历程

1. 硬件供应商（20 世纪 60—90 年代）

回首 IBM 的百年历史，IBM 在硬件市场的成功无可争辩。从早期的制表机、打孔机，到后来的计算机和服务器，IBM 始终引领着 IT 行业的发展。甚至在 20 世纪 90 年代之前，IBM 从未吞下过"亏损"的苦果，那个时期的 IBM 就像如今的苹果、谷歌，是全世界最赚钱、最创新的企业。然而进入 90 年代后，由于 PC 和服务器的功能越来越强大，IBM 的主要利润来源——大型机业务需求量剧减，IBM 历史上首次出现亏损，并且战线过长致使亏损的形势急速恶化。短短 3 年之内，IBM 亏损额竟达到 168 亿美元，创下美国企业史上第二高的亏损纪录；公司股票跌至每股 40 美元；IBM 的 PC 被挤出国际市场前三名，大型机产品库存大量积压，IBM 面临着灭顶之灾，几乎没有人认为 IBM 还有挽救的可能性。1993 年 1 月，时任 IBM 首席执行官约翰·埃克斯（John Akers）向董事会递交了辞呈，IBM 走向了"由硬变软"的转型之路[6]。

2. 软件供应商（20 世纪 90 年代）

1993 年 3 月 26 日，路易斯·郭士纳（Louis V.Gerstner）被任命为 IBM 公司新 CEO，这是 IBM 继创始人老沃森后迎来的第二位传奇 CEO，正是在他的管理下"蓝色巨人"逐步走出低谷。郭士纳上任后对 IBM 进行了彻底改革，半年之内裁员 4.5 万人，完全颠覆旧的生产模式，下令停止了几乎所有的大型机生产线，取消不必要的规章制度，甚至下令取消穿蓝色西装的限制。1994 年，IBM 获得了 90 年代的第一次盈利——30 亿美元。初步扭转亏损局面后，郭士纳将发展目标调整为软件供应商。1995 年，郭士纳首次提出"以网络为中心的计算"（简称 NCC），认为网络时代是 IBM 重新崛起的最好契机。1995 年，IBM 营业额首次突破了 700 亿美元，并于 1996 年组建网络计算机部门和全球服务部。

1995 年，IBM 发动了一场规模巨大且持续数年的关键性软件重写运动，目的是，使这些软件不仅能够实现网络化，而且还要能够在 Sun 微系统公司、惠普公司、微软公司以及其他公司的平台上工作。

1995 年 6 月 5 日，IBM 斥资 35 亿美元收购了 Lotus 软件公司。此次收购不仅能够填补 IBM 在中间件业务领域的空白，还能够有力地打上合作计算时代的印记；1996 年 3 月，IBM 购并了 Tivoli 系统公司，使得 IBM 跳跃式地进入分布式系统管理软件产品市场，并使得 IBM 软件集团成为世界上最强大的软件公司。

3．服务供应商（21 世纪）

2002 年 3 月，萨姆·帕米萨诺（Samuel J.Palmisano）接替郭士纳，成为 IBM 首席执行官。帕米萨诺在 IBM 工作了近 30 年，几乎担任过 IBM 的所有职位，十分了解 IBM。由于计算机及计算机配件市场日趋饱和，市场需求日趋疲软，IBM 开始转移其战略重心，从单纯的提供软件或者硬件逐步转型为向客户提供各种科技服务和咨询服务，而这些服务业务逐渐成为公司的主要利润增长点。2002 年 6 月，IBM 宣布把大部分硬盘驱动器业务出售给日立公司。2002 年 7 月 30 日，IBM 宣布以 35 亿美元的现金和股票收购全球第一大会计师事务所普华永道旗下的咨询和技术服务子公司。此举为 IBM 赢得了巨大利益：IBM 仅仅付出 35 亿美元的代价，就拥有了普华永道的优秀咨询资源，获得了 3000 名高素质咨询人员，同时赢得了重要的客户资源。IBM 就此超越安达信咨询公司，成为全球最大的咨询公司。

2005 年，IBM 将个人计算机业务出售给联想公司；2006 年，把打印机业务出售给理光公司，从而进一步剥离硬件业务，并且在随后的几年内，连续收购多家软件公司，为其服务业务提供必要的支持。2007 年，IBM 的服务业务占整年销售收入的 50%以上，IBM 公司现任董事长帕米萨诺认为，服务转型才是 IBM 真正意义上的转型。到目前为止，无论是利润还是规模，IBM 的服务业务早已超越硬件生产成为公司的主要收入来源，其 40 多万员工中有一半以上归为服务业务部门。IBM 取得了服务转型的成功。

现在，IBM 正在进行服务业务的转型和变革，将通常应用于传统市场的产品开发和交付原则注入服务业，并在全球范围内进行积极尝试。未来，IBM 还希望能将组成各种服务的流程、动作、角色等要素进行分离和标准化，并融入硬件和软件的设计中[7]，全面实现服务"产品化"。

▷▷ 12.2.2 IBM 转型分析

1．成功的服务营销

IBM 充分利用了自己的整体优势，对客户提出"整体解决方案"与"系统集成方案"。IBM 将咨询作为主战场，规划客户所面临的挑战和问题，并且制订对应的实施方案，凭借行业事业群和产品事业群，分别从客户关系和技术方案入手，依托紧密的团队合作，全方位地洞察市场需求，从而保证客户的切身利益和忠诚度，由此 IBM 在客户的决策层和执行层获取了有利位置，实现了企业和客户之间的"共赢"[8]。

虽然售后服务团队和产品附加价值团队都归在基础服务部下，但其运作是相当独立的，售后服务团队与 IBM 硬件、软件部门的配合更加紧密，为了维持高的客户满意度，售后服务团队经常配合产品销售团队为客户提供最好的售后服务方案，根据客户应用要求的不同，结合效率与成本，设计最适合的售后服务计划，只有有了可靠的售后服务计划，客户才会更放心地购买 IBM 的产品。而且，当客户在使用产品的过程中出现问题时，售后服务团队的反应必须是最迅速的，与其他服务团队相比，售后服务团队要求更充足的人力与资源保证客户的业务连续性。

IBM 提出下列三个成功要素，让企业不必大幅增加销售费用，就能提升销售量：

（1）提升服务提案质量，让订单的成交率上升。

（2）增加业务人员的活动时间，为服务提案活动打好基础。

（3）增加业务人员可服务的客户数，以增加销售量。

为了实现这三大要素，IBM 把最宝贵的资源，即"公司销售人员与客户面对面的接触时点"都集中在潜在销售案中，同时有效运用其他非面对面的渠道，提高客户覆盖率。

2．客户生命周期管理

IBM 公司按照其所服务的客户的行业特点以及企业规模，将其企业级客户分为六类[9]：金融类客户、政府类客户、电信类客户、大型制造业客户、大型物流业及零售业客户和中小型客户。针对每种客户都有一个独立的客户关系团队负责提供客户关系的维护与 IBM 整体服务。同时，IBM 的四个主要产品部门——硬件产品部、软件产品部、基础服务部和咨询服务部，也都根据其客户的不同，将其产品销售人员按照六大客户群划分职责，从而形成矩阵式客户管理模式。

从组织关系的角度看，客户关系团队与产品团队相互独立，可是二者在同一个行政区域内，服从区域经理的统一管理。当两个团队共同面对一个客户时，虽然二者的分工不同，但是相互协同。客户关系团队作为 IBM 与客户的统一接口，负责客户关系的发展与维护，产品团队侧重于产品与解决方案的提供，同时在技术上对客户提供支持。客户关系团队的客户经理会根据客户的不同需求，组织相关产品团队的同事向客户提供服务。

3．服务管理

IBM 在 2008 年发布了新的服务管理战略，围绕这个战略，IBM 完成了许多重量级收购工作，包括收购 Micromuse 公司，增强了 IBM 在网络管理、绩效管理、服务等级管理和安全管理等方面的力量；并且于同一年完成了对著名服务管理公司 Valent 的收购，加速了 IBM 在网络绩效和服务质量管理方面的发展进程。

IBM 希望实现服务管理的"三化"，即 IT 和业务的可视化、可控化以及自动化。在此基础上，凭借多年的客户服务经验，IBM 又进一步提出要实现服务管理"三化"的五个切入点，即 IT 运维、安全运维、存储运维、企业运维和运营商运维。其中，从 IT 运维的角度来看完整地包括了服务和流程的自动化、服务性能以及 SOA 管理相关内容；安全运维涵盖了风险管理、法规遵从性管理等；从存储运维的角度来看，涵盖了存储和信息管理方面；从企业运维的视角来看，涵盖了恶劣资产和财务管理；从运营商运维的视角来看，涵盖了服务保障[9]。

4.服务创新

服务创新就是指企业运用新型技术、新的理念对服务的流程、服务产品进行创造性的改变，从而提升服务质量，提高服务效率。服务创新可以通过服务概念传递、服务流程改善、服务运营优化来向目标客户提供更为优质的服务产品，加强客户的忠诚度，将服务价值和效用进一步放大[10]。

IBM 在转型前，所提供的服务与其他传统的制造企业类似，主要是零部件、整机的售后服务，如维护、修理等服务。但是在收购了普华永道咨询部门之后，IBM 的服务范围扩展至专业服务。目前，IBM 可以提供以下三类服务[11]：

（1）售后服务，包括针对 IBM 品牌的硬件、软件产品等的保修服务，电话支持服务，上门维护服务，定期巡检服务等，由 IBM 的基础服务部中的售后服务团队专门负责。服务和支持使用 IBM 产品的客户，保证 IBM 产品的问题可以在最短时间内得以应对和解决，使客户免除后顾之忧。

由于 IBM 还可以通过全面解决方案的方式销售第三方公司的产品，如思科公司的网络设备等，所以，所提供的售后服务甚至包括了第三方公司产品的售后服务。当然，目前仅限于与 IBM 有长期、大量合作的第三方公司产品，IBM 会向客户承诺，提供与原厂一致的服务水平与价格，如此一来，便免去了客户出问题后，找多个厂家交涉的麻烦。

（2）产品附加价值服务——IT 基础服务。基于 IBM 多年为客户提供各种软、硬件产品的经验，为客户提供与使用 IBM 软、硬件产品相关的一些附加价值服务。例如，软、硬件产品使用的培训服务，基于软、硬件产品的保证客户业务连续性的容灾服务、IT 支持服务、IT 规划服务、机房建设服务等。这些产品附加服务业由 IBM 的基础服务部负责。针对不同的服务内容，会有对应的服务团队。

（3）专业服务——咨询服务。在收购了普华永道咨询部门后，IBM 正式将专业服务，即咨询服务，作为自己的发展重点。咨询服务部门所提供的服务产品与 IBM 品牌的软硬件产品不一定有直接的必然的联系。例如，客户核心应用系统的导入与维护咨询、客户业务流程的改变与优化咨询、客户商业智能咨询等，这些专业服务与客户的硬件、软件平台没有直接的关系，在这些项目实施、落地时，客户可以选择 IBM 的产品，也可以选择其他公司的产品，咨询顾问会给出中立的系统配置要求，不会向用户强行推荐 IBM 自己的产品。

有时，IBM 提供的咨询服务甚至与 IT 行业没有太多的联系，例如，客户的经营与管理咨询服务是基于 IBM 自己在多年的经营管理中积累下来的经验，如跨国经营管理经验、全球人力资源管理经验、全球财务系统管理经验、全球供应链系统管理经验等，结合客户的实际需要，提供的专业咨询服务。还有，企业的兼并与收购咨询服务。IBM 自己在将近一百年的发展中，运用资本运营的手段，兼并、收购、剥离、出售过很多公司，具有非常丰富的经验，这些经验，结合客户的需要，也可以包装成一种咨询服务类产品，供客户选择。这些专门领域的服务产品，就完全与 IT 行业没有联系了。但随着经济的不断发展，IBM 的战略性合作伙伴越来越多，IBM 这种专业的咨询服务也发展得越来越好，可以给客户带来很高的价值。

这种专业咨询服务由 IBM 的咨询服务部负责。针对不同的服务内容，会有应对的服务团队。而且，咨询服务部会根据客户的实际需要，结合 IBM 的能力，为客户设计出最合适的服务产品。同时，IBM 还拥有 IBM 商业价值研究院、IBM 创新中心、软件技术研究院等科研机构。这些机构相互独立，或与客户一起研究行业与科技方面的最新动向，为客户实时提供最新、最全的信息。

5．服务高收益化

IBM 之所以能够达到服务高收益化，是因为其具备了两种关键能力，即产品附加价值服务能力和专业服务能力，并且所有的服务基于"以人为本"的理念。为了做到服务高收益化，普通企业必须做到以下几点：

（1）建立与维护良好的客户关系。通过多年的积累，IBM 拥有众多的客户，IBM 非常重视建立与维护良好的客户关系，从开始提供售后服务的那一刻起，营销或销售部门就必须定期与售后服务部门交换信息，必须让服务部门知道，下次提案时会需要何种客户信息、其他客户的价值链状况如何以及客户使用 IBM 产品时都遇到了哪些问题。这种良好的客户关系，使得 IBM 有机会为使用其产品的客户继续提供服务。

只有拥有良好的客户关系，才能够获取客户的信任，客户才会愿意将遇到的问题告诉企业来共同解决，而这时要想解决客户的问题，企业还必须了解客户的价值链，才能真正结合自己的经验为客户提供好的解决方法，这也需要良好的客户关系来充分地了解客户。

（2）设计符合自身能力的解决方案。与有形产品不同，附加服务和专业服务在正式提供给客户前，是很难确定其质量与成本的，如果不能很好地设计出符合自身解决能力的方案，就有可能无法满足客户的要求，或为了满足客户的要求而使成本大大超过预算而导致亏损。

IBM 拥有多年实施服务项目的经验，能够尽可能地在提供服务前，掌握与质量和成本相关的因素，能够比较精准地估计各项技术水平所需的人力与资源，所以可以较好地设计出符合自身能力的解决方案，保证客户满意度与利润的平衡。以上两种能力都必须由人来完成，所以，以人为本的经营体制也至关重要，IBM 正是拥有这样的以人为本的经营体制。IBM 的创始人，老托马斯·沃森为公司制定的行为准则的第一条，就是必须尊重个人。IBM 长期以来的重视人才的氛围，使得公司聚集了大批人才，而收购了普华永道的咨询部门后，IBM 更是拥有了一批专业的咨询顾问团队。

IBM 通过降低人力成本，来带动服务的高收益化。目前，IBM 已经把员工队伍从发达国家迅速拓展到中国和印度等新兴市场。截至 2008 年年底，IBM 在"金砖四国"（巴西、俄罗斯、印度和中国）的员工总数超过十万人。由于新兴市场的劳动力相对便宜，所以，可以有效地降低人员成本，这一优势对于服务业特别明显。仅在中国，IBM 就在多个城市设有全球服务中心，为中国以及其他国家和地区的客户提供服务，既保证了服务质量，又可以有效地降低成本。把境外资源灵活使用带来的低成本化，搭配能够产生高价值、带来高回报的做法，就是 IBM 服务高收益化的关键。国内 IT 企业尤其应该学习这种做法。全球化不仅要求企业服务全球的客户，还要求企业学习利用全球的资源来灵活搭配组合，带来低成本、高收益的效果，国内企业也应该学习如何使用全球资源，为全球客户服务。

6. 智慧地球

IBM "智慧地球"计划是 2010—2020IBM 战略发展的核心，IBM 每年的研发投资达 60 亿美元，其中一半都用在"智慧地球"项目上[12]。

"智慧地球"战略被提上桌面是在 2009 年 1 月 28 日。当天，美国工商业领袖举行了一次圆桌会议，IBM CEO 帕米萨诺向美国总统奥巴马抛出这一概念。该战略定义大致为：将感应器嵌入和装备到电网、铁路、建筑、大坝、油气管道等各种现实物体中，形成物物相连，然后通过超级计算机和云计算将其整合[13]，实现社会与物理世界融合。在此基础上，人类可以更加精细和动态的方式管理生产和生活，达到"智慧"状态，提高资源利用率和生产力水平，改善人与自然的关系。奥巴马对"智慧地球"构想做出了积极回应，并将其提升为国家级的发展战略，将"新能源"和"物联网"列为振兴经济的两大武器，从而引起全球的广泛关注。

由于 IBM 在传感器网络、云计算、超级计算、软件服务化、数据整合与挖掘领域处于世界领先地位，必定在"智慧地球"这场运动中担任核心角色，为"智慧地球"和"物联网"提供一套支持系统和相关服务。

随后，IBM 在 2009 年下半年提出 ISM（Integrated Service Management，整合服务管理）的概念——"智慧地球"的操作系统。ISM 与 IBM 此前提出的动态架构一脉相承，动态基础设施智能地连接起业务资产和 IT 资产，数据中心成为"智慧地球"的"大脑"，全面融合各种技术与行业知识，而 ISM 则是针对性的具体解决方案，因此被誉为"智慧地球"的操作系统，它充分体现了 IBM 服务管理软件 Tivoli 的三大特性，即利用高度可视化、可控化和自动化，确保 IT 和业务服务的一致性，降低成本，提高生产效率。

12.3　海尔的创新

海尔集团创立于 1984 年，海尔集团的前身是由濒临倒闭的两个集体小厂，合并成立的"青岛电冰箱总厂"。1984 年 12 月，当张瑞敏调任到此当厂长时，企业已经亏损 147 万元，资不抵债，濒临倒闭。面对这样的旧摊子，张瑞敏重新整顿队伍，从德国引进了当时世界上最先进的利勃海尔电冰箱生产技术开始创业。20 多年后海尔已经从名不见经传的小厂，成长为中国家电第一品牌，成为在海内外享有较高美誉的大型国际化企业集团。产品从 1984 年的单一冰箱发展到包括白色家电、黑色家电、米色家电在内的 96 大门类 15100 多个规格的产品群，并出口到世界 160 多个国家和地区。2011 年，海尔集团全球营业额达 1509 亿元，在全球 17 个国家拥有 8 万多名员工，海尔的用户遍布世界 100 多个国家和地区[20]。图 12-4 所示为海尔集团的部分业绩。

近年来，随着企业创新理论和实践的进一步发展，一些创新领先的企业逐步发现：技术创新的最终绩效越来越取决于企业整体各部门、各要素的创新及要素间的有效协同。企业不仅需要技术创新，而且需要以此为中心全面、系统、持续地进行创新。大量研究表明，许多技术创新项目无法实现持续性的成功，其中重要的一个原因，就是绝大多数的技术创新与组织、文化、战略等非技术因素方面缺少协同和匹配，原因背后是缺乏在先进的创新管理理念下进行科学有效的创新管理，导致技术创新缺乏系统性和全面性。海尔的成功恰好证明了企业创新是一个系统工程。海尔的创新模式也越来越多地受到理论研究与企业界关注，对于企业创新发展具有很强的现实指导意义。

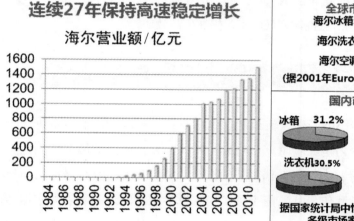

图 12-4　海尔集团的部分业绩

海尔创新模式可以概括为：以价值增加为目标，以培育和增强核心能力、提高核心竞争力为中心，以战略为导向，以各创新要素（如技术、组织、市场、战略、管理、文化、制度等）的协同创新为手段，通过有效的创新管理机制、方法和工具，力求做到人人创新、事事创新、时时创新、处处创新。海尔创新模式的系统内涵包括三层含义：①企业全方位创新，包括文化创新、技术创新、管理创新、市场服务创新等；②企业各部门和全体员工人人参与创新，即全员创新所体现的持续创新；③以组织创新为内容的全流程再造体系的创新。海尔创新模式与传统创新观的显著区别是突破了以往仅由研发部门孤立进行创新的格局，并使创新的内容与时空范围大大扩展，集中体现为三个"全"，即全员创新、全流程创新、全方位创新。三层含义的有机统一，完整构成了海尔创新模式[21]。

1. 海尔的全方位创新

海尔以其独树一帜的管理方式、卓越的企业创新氛围、适时的创新技术以及完善的优质服务，构成了海尔的内在要素创新体系，如图 12-5 所示。实现了以管理创新为基础、以观念与文化创新为先导、以技术创新为核心、以市场服务创新为途径的全方位整合。

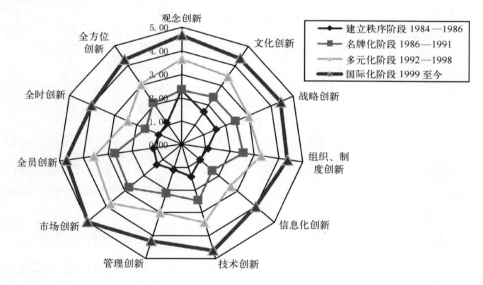

图 12-5　海尔的内在要素创新体系

2. 海尔的全员创新

海尔创新活力来自于海尔的全员创新，海尔的全员创新保持了海尔创新的持续性。海尔员工的创新活力来自把市场经济中的利益调节机制引入企业内部，使得人人面对市场，从制度上激发了每一个员工的创造力，使人人成为创新的 SBU（策略事业单位），如图 12-6 所示。

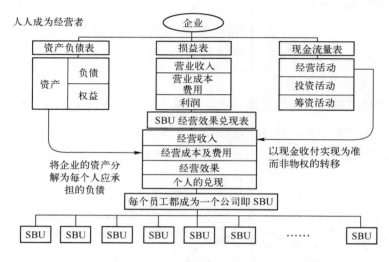

图 12-6　人人成为创新的 SBU

3. 海尔全流程创新

海尔企业流程再造创新体系（见图 12-7）是指海尔利用新思维、新的理论体系作指导，创造一种新的更有效业务流程的组织方法和程序，并建立一套与之相适应的新规制的企业组织创新体系。海尔的创新体系是保证企业流程再造能否实现的关键。

企业是通过各种流程在运作的，所谓流程，就是企业活动的有序结合，流程效率在很大程度上决定了企业活动的效率。随着市场竞争的日益激烈，企业越来越认识到流程再造的重要性，而整个流程再造的实现，则离不开流程再造创新体系的支撑。

海尔互联网战略，从"传统的经济管理模式"转化为"互联网时代的管理模式"。 在海尔看来，网络化企业发展战略的实施路径主要体现在三个方面：企业无边界、管理无领导、供应链无尺度。企业需要打破原有的边界，成为一个开放的平台型企业，可以根据用户需求迅速整合资源；同时，为了跟上用户点击鼠标的速度，企业需要颠覆传统的层级关系，组建一个个直接对接用户的自主经营体；在此基础上，去探索按需设计、按需制造、按需配送的供需链体系[22]。

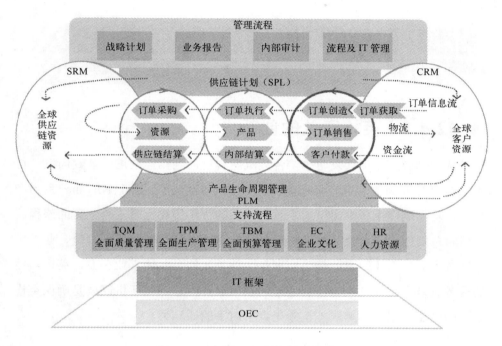

图 12-7　海尔的流程再造创新体系

企业无边界体现的就是开放交互。开放交互体现为观念的改变：从原来封闭的体系，变成一个开放的体系；从原来与企业内外各方面进行博弈的关系，变成一个交互的关系。

管理无领导体现的就是人人创客，让员工创客化。所谓创客，像美国作家克里斯·安德森（Chris Anderson）在其著作《创客》中定义的，就是使数字制造和个性制造结合、合作，即"创客运动"。

供应链无尺度体现的是用户的个性化。由供应链无尺度来驱动企业的改变，有了用户的个性化需求，企业必须改变，企业的结构必须从层级化变成网络化、平台化。

海尔作为中国制造业走向国际市场的先行者，努力探寻发展创新，为中国企业做了有益的、成功的尝试，海尔经验值得我国企业借鉴。

12.4 英格索兰创新案例——创新引领科技，远见开启未来

▷▷ 12.4.1 英格索兰的创新史

从 19 世纪 70 年代发明第一台蒸汽凿岩机，到第一架逃生装置问世，再到第一台冷冻肉类食品展示柜诞生，再到变频螺杆空压机 Nirvana 系列产品、保特酷制冷系统推出市场，英格索兰的百年历史也是不断创新的旅程。英格索兰的创新史涉及产品结构、品质技术、产能规模、品牌价值、业务模型等各方面。而实际上，作为一家在全球领先的多元化工业企业，英格索兰的业务就是围绕其核心价值观通过创新来展开，它的创新机制就是确保英格索兰的产品、服务和解决方案领先竞争对手的原动力。

▷▷ 12.4.2 创意生成方法的演进

在英格索兰，创新过程被划分成三个主要阶段：创意生成、创意评估与创意执行。在每一个阶段，英格索兰都为之专门设计了一系列的方法、工具和流程，以减少创新过程中的不确定性与风险，增强创新结果的可预测性。发现商业机会并生成创意是三大步骤中的第一步，也是最为关键的一步[23]。

创新本身是一个极具动态的过程，长时间以来，人们都认为一个伟大的创意是建立在突变、失败和运气的基础上，创新的过程毫无可遵循的程序和流程可言，3M 公司（明尼苏达矿业制造公司）的 CEO 乔治·巴克尔就曾经

说过：发明从其本质上来说就是一个混乱的过程。但是随着创新在经济发展与竞争中对企业的重要程度愈发显现，越来越多的企业与学者在思考，有没有一种方法和有效的工具来启发创新思维并规范创新过程，从而提高创新的成功率？到目前为止，比较典型的创意生成方法有试错法创新（技术导向型创新）、客户导向型创新和成果导向型创新。

试错法创新，或称作技术导向型创新，这是个靠经验和运气的方法，也是最传统的技术创新方法。20 世纪 80 年代中期以前，很普遍的现象是企业的研发精英们沉迷于研发新的、完美的技术，然后再由市场销售部门为这项新技术寻找可以生根发芽的新市场。设想是美好的，但结果却往往是残酷的，他们花了巨资研发、建立新的生产线，最后的营业额却可能很不理想。也只有此时，才有一个定论：他们的市场定位出了差错。

试错法的失败率非常高，接近 90%，而且从产品开发到取得销售业绩成功的平均周期长达 8 年。研究开发费用高昂，难以望到边的预期回报时间无不告诉我们，是应该有一种新的创新方法产生了。

企业开始思考技术创新方法失败的原因，越来越多的企业认识到客户需求才是推动创新的原动力，**客户导向型创新方法**随之产生。客户导向式创新，即根据客户反馈的"需求"来指导企业的创新活动。在过去的 20 多年中，客户导向思维根深蒂固，已经成了企业界的口头禅，小组访谈、客户拜访、基于客户需求的市场细分、重要客户分析成了商业世界的重要工具。这种创新方法比试错法确实高明了许多，但不幸的是，客户导向的思想运行了 20 多年后，企业发现仍有 50%～90%的产品或服务开发失败。

尽管相比试错法创新，客户导向型创新方法的确有了很多改进，但这种方法仍然存在很多变异性和不可控性。究其原因，其实最关键的还在于所谓的"客户需求"到底是什么？当提到"需求"时，可能会联想到很多概念，如性能、功能、规格、价格、解决方案、期望、概念、交货期等。企业内的市场、销售、研发、生产等各个部门都有一套对所谓的"客户需求"的定义。在这种情况下，当企业去收集客户需求时，客户只能用自己最熟练的语言讲出需求，企业也是按照自己熟练的语言描述客户需求，并利用这些可能是错误的、至少是不完整的信息开发新产品。

客户不是专家，他们通常所讲的需求通常只是对当前产品的一点改进，或者是基于他们所知道的现有产品平台上的些许改善。福特公司的创始人亨利·福特（Henry Ford）曾经说过："如果我问我的客户需要什么，他们会告诉我他需要一匹跑得更快的马。"所以，了解客户的想法并不是件容易的事，要把它利用好，并创造出效益就更是难上加难。

客户导向型的创新，从其理念上来讲并无过错，客户的声音到底有多重要？回答是"非常重要"。但公司必须超越倾听，进一步辨别什么是客户心中真正想要的东西，然后努力去满足那些未能满足的需求，**成果导向型创新**呼之欲出。成果导向型创新有以下三条基本原则：

（1）客户购买产品或服务是为了完成某项工作。这里的"工作"并不完全是我们平时理解的工作，而是客户真正想要完成的任务，他们会搜寻有用的产品或服务来帮助他们完成这些任务。比如人们去健身房锻炼，其"工作"不是锻炼，而可能是保持健康、减肥；人们买矿泉水，其"工作"是解渴。本质上，所有的产品和服务都是为了完成某项工作而存在的。在成果导向型创新中，焦点不是客户本身，而是客户要完成的某项"工作"。如果一个企业能够帮助客户更快速、便捷、廉价地完成某项工作，那么客户没理由不喜欢他们的产品或服务。

（2）客户有一套期望的成果（衡量指标体系）来判断一项工作完成得如何、一件产品性能怎样。正如企业会用一定的指标来衡量一项业务过程的输出质量，客户也有他们自己的指标来衡量他们的工作完成得如何。不同的是，客户的这套指标存在于他们的头脑中，而很少能够清楚地表达出来，企业更是很难捕捉到这种信息。我们把这些指标称为客户的期望成果，它们是一项具体工作的执行的基本衡量指标。对于任何一项工作，客户都可以有50～150个指标对它的完成程度进行度量，只有当所有指标都满足了，才能说客户可以完美地完成工作。

（3）客户的预期成果使得系统地、可预见地进行产品和服务创新成为可能。 获得了正确的输入信息，企业就可以大大提高创新过程中下游活动的执行效率，包括确认增长机会，细分市场，进行竞争分析，生成并评估创意，与客户交流成果，测量客户满意度等。在成果导向型创新中，企业不再需要通过头脑风暴产生千上万个创意，再艰难地判断出创意是否有价值。在这里，他们只要寻找出在所有的客户预期成果中哪些是重要的且还没有被满足的，从而系统地生成一些创意来满足这些尚未实现的指标。比如，一个洗涤剂制造商了解到 90%的家庭主妇正在试图缩减厨房厨具的清洗时间，他们也就知道了该把他们的创造力集中到哪里，更关键的是他们知道了他们花时间这么做会实现他们的追求目标。

▷▷ 12.4.3　成果导向型创新方法

成果导向型创新（Outcome Driven Innovation）由 Strategyn 咨询公司（公司网址：http://strategyn.com）首创，几乎在所有行业都得到了持续应用，在许多知名企业，如微软、强生、惠普、金佰利、摩托罗拉、博世得到应用并获得巨大成效。

成果导向型创新方法将结构性、规范性和可预测性融入产品、服务的创新活动中，使创新不再只是一个空泛的概念，而变得有章可循、有理可依，从而为创新方法论提供了一个全新的视角和发展空间，并大大提高了创新项目的成功率。图 12-8 所示为不同创新方法的成功率。

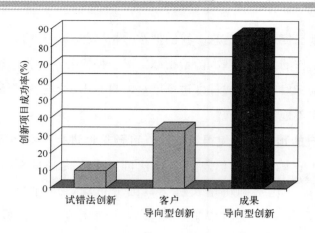

图 12-8　不同创新方法的成功率⊖

▷▷ **12.4.4　英格索兰在创意生成领域的实践**

英格索兰根据成果导向型的创新方法，确立了一套创意生成的过程，该过程共有五步：明确创新战略、收集客户需求、确定市场机会、定义目标策略和生成突破创意，如图 12-9 所示。

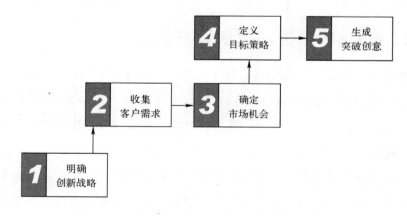

图 12-9　英格索兰工业技术的创意生成方法过程

⊖ 数据来源：Strategyn。

第一步：明确创新战略

（1）确定创新战略。 明确创新战略是整个创意生成过程的第一步，其目的是确定创新项目的方向和项目的范围。企业必须在创新项目开始之初就明确进行什么类型的创新项目、什么样的发展路径更好、需要为客户价值链中的哪一个客户增加价值。这一步是整个创新过程中最重要也是最关键的一步，这一步的结果在很大程度决定了未来整个创新过程的成败。总的来看，有四种类型的创新战略可供决策者们选择：发展核心市场、拓展相关市场、瓦解现有市场（破坏性创新，Disruptive Innovation）和发掘全新市场，如图 12-10 所示。

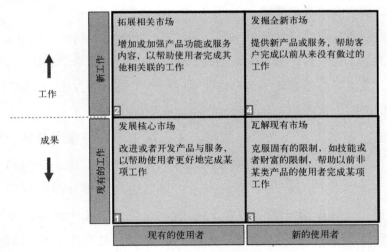

图 12-10　四种创新战略

（2）确定价值链以及关注的客户群。 在确定好创新战略后，企业需要确定其产品流转到其最终使用者手上的价值链是怎样的，并且确定为价值链上的哪一类客户提供价值。工业企业在分析其价值链并选定产品创新项目针对的客户时，需要注意并避免的一个误区是"选定渠道客户作为其创新项目针对的主要客户"。对于很多工业企业来说，其产品销售多采用渠道模式在其价值链上，渠道合作伙伴可能就成为该工业企业最重要的客户。但是如果仅仅将精力集中在"渠道客户"上，我们就会发现这类客户未被满足的需求总是降低价格、增加库存周转、缩短采购周期等。尽管这些需求也是非常重要的，但是如果企业仅仅停留在这个级别上的"客户需求"，就往往会错误地认为产品已经进入了"货品"时代，价格成为唯一的竞争要素。从而使得企业无法真正了解最终使用者的意见和需求。

作为一家具有百年创新历史的多元化工业企业，英格索兰在创新的道路上不断地进行探索和实践。英格索兰工业技术集团在 2008 年年初确立了多个全球性产品与服务创新项目，涉及工业技术集团的 4 个大类的产品与服务，创新项目战略有发展核心市场，也有拓展相关市场。

第二步：收集客户需求

确定创新战略并确定针对的客户后，下一步的关键就在于如何正确地收集客户需求。收集客户需求的方法有电话访谈、面对面单个访谈、小组访谈等多种。成果导向型创新的客户访谈也同样使用类似的方法，不同的是，访谈要收集目的、范围，且收集的客户需求要更加清晰。

前文中提到，在成果导向型创新中，所谓的客户需求是客户想完成的一系列工作和成果，而成果是客户用来判断一项工作完成得如何、一件产品性能怎样的一套衡量指标体系。可以说，成果导向型创新方法中的客户需求是客户真正想要实现的东西，比传统方法中的客户需求更深入地反映了客户需求所指向的真正内容。比如，当客户提出他们希望产品的可靠性更高时，访谈者就要去发掘到底可靠性对客户来说指的是什么，比如，当客户谈论流体传输产品时，所谓的可靠性可能指很多方面，如"尽量避免因流体与流体传输系统发生反应而危害环境安全，如爆炸、产生有害气体等""尽量避免流体传输过程产生的水分结冰无法排出从而损害流体传输系统，如系统部件生锈、结冰，流体传输被堵塞等"等。因此，不难看出，相比传统方法收集到的客户需求，成果导向型所收集的客户需求能更深刻地反映客户真正的需要，对企业的新产品开发或产品改进更具有指导性和可操作性。

第三步：确定市场机会

收集好所有的客户需求后，企业就要确定产品创新的机会在什么地方。英格索兰对创新机会有着比较明确的定义，即那些在客户看来未被满足的需求。大多数的经理们都同意那些重要性很高但满意度较低的客户需求就是未被满足的需求，这些未被满足的需求为企业指明了客户愿意看到产品在哪些方面有所改进。

机会分析可以提供给企业很多信息并帮助企业做很多事情，如表 12-1 所示。比如信息传播，或许现有的产品已经能够满足客户的某些未被满足的需求，但是企业从来没有意识到产品的某些功能对客户非常重要，那么企业就可以制定沟通机会，重新向目标客户传达企业产品的优势。

表 12-1 机会分析可以做的事情

信　　息	详　　情
市场细分	不同于一般的基于行业或者地域的市场细分，可以提供基于客户需求的市场细分
信息传播	根据机会分析，制订沟通计划，向目标客户沟通企业的优势
产品定位	帮助企业设定独特的和具有竞争优势的产品价值定位
品牌发展	制定品牌发展机会
辅助销售	将产品价值定位、品牌内涵等信息整合到销售战略中，并培训销售人员如何向目标客户阐述产品价值与品牌内涵
竞争情报	分析竞争优势与劣势
重新对产品开发机会排序	根据机会分析，重新评估产品开发机会中的哪些项目应该具有优先开发顺序，哪些项目可以被搁置甚至取消
概念生成	根据客户未被满足的需求，生成产品创意
概念评估	一种定量分析方法，分析生成的创意在多大程度上可以让客户的需求得到满足
设定产品的研发方向	根据客户需求，设定未来新技术的研发方向
兼并收购机会评估	用于分析有意收购的公司产品的竞争力
客户满意度分析	设定详细的行动机会，提高客户满意度

第四步与第五步：定义目标策略与生成突破创意

在分析了市场机会后，企业首先要做的是确定目标策略，即针对哪些机会采取行动。而随后的一个重要阶段就是生成突破创意。创意的生成在英格索兰包含三个层次：价值提供平台创意、业务模式创意和产品功能创意。所谓价值提供平台，指的是产品的特性和功能如何传递给客户，包含一系列的系统基础设施和子系统。比如，保持口腔清新类产品的不同平台就有普通牙刷、电动牙刷、口香糖、漱口水等。业务模式指的是企业如何赚钱，而产品功能指的则是在价值提供平台上一系列的有形的和无形的特性，以满足客户的需求。

▶▶ 12.4.5　创新助力英格索兰创造新的辉煌

英格索兰的各个业务集团继承英格索兰创新的辉煌传统，开展了一系列的创新项目。英格索兰工业技术集团在全球范围内已开展了多个创新项目，采用成果导向型创新方法并将其与英格索兰的实际相联系，了解客户真正的想法，寻找未被满足的客户需求或市场，从而为创新产品和市场提供先决条件。此外，从 2008 年年初开始，英格索兰工业技术集团亚太区成立了一个新的团队——战略市场部。该部门是整个工业技术部门创新活动的推动者和协调者。目前，一系列创新项目正在工业技术部门内如火如荼地开展，"创新"的理念和氛围越来越深入人心。无论是这些全球性的创新项目，还是区域性的创新项目，都将帮助英格索兰深入地了解客户需求，进而开发出为客户提供更多价值的产品与服务。

参 考 文 献

[1] http://zh.wikipedia.org/wiki/%E8%98%8B%E6%9E%9C%E5%85%AC%E5%8F%B8.

[2] 杨婧. 消费社会视域下的品牌"图腾化"研究[D]. 长沙：湖南师范大学，2012.

[3] http://www.022net.com/2012/11-18/425338283218225.html.

[4] 吴海葵. 苹果公司商业模式创新的研究[D]. 广州：中山大学，2010.

[5] http://past.nbweekly.com/Print/Article/7329_0.shtml.

[6] 康毅仁. 变革力：铸就 IBM 的百年传奇[M]. 合肥：安徽人民出版社，2012.

[7] 许春友. 服务生产率的战略观——基于服务利润链的观点[D]. 天津：天津商业大学，2008.

[8] 杨光平. IBM 从制造向服务转型的分析[D]. 成都：电子科技大学，2004.

[9] 杨波. IBM 的服务转型研究及其对国内 IT 企业的启示[D]. 上海：复旦大学，2009.

[10] 许欣. IBM 服务产品化创新战略的研究[D]. 上海：上海交通大学，2011.

[11] http://www-935.ibm.com/services/cn/gts/tss/qa/.

[12] http://www.123ci.com/zuixindongtai/shejixingyezuixindongtai/2012/0518/2430.html.

[13] 姬璨璨. 车联网：城市交通的智慧之光[J]. 交通世界（运输·车辆）2010(9): 7.

[14] 郭光敏. 企业利益相关者协同进化行为模式研究[D]. 重庆：重庆交通大学，2009.

[15] 燕子龙. 联想集团国际化品牌营销研究[D]. 北京：对外经济贸易大学，2007.

[16] http://www.citytt.com/guanwang-4181/.

[17] 侯希承. 建筑施工企业人力资源管理研究[D]. 成都：西南交通大学，2004.

[18] 孟宪德. 知识交流管理研究[D]. 青岛：中国海洋大学，2004.

[19] 李朝伟. 企业商业模式创新研究——以联想为例[D]. 北京：北京交通大学，2011.

[20] 胡昱. 企业创新体系理论研究[D]. 北京：中共中央党校，2005.

[21] 周亚庆，郑刚，沈威. 我国企业技术创新体系建设的最佳实践——海尔集团国际化的技术创新体系[J]. 科研管理，2004(5):110-115, 75.

[22] 罗清启. 用户经济时代亟需战略模式创新[J]. 上海国资，2013(3): 34.

[23] 余锋，李芳芳. 创新引领科技 远见开启未来——英格索兰在创意生成（Idea Generation）领域的方法体系与实践[J]. 通用机械，2008(12):22-24.